HARDANGER
STICKEREI

INHALT

Material und Technik

ELEGANZ ZU HAUSE

Tischwäsche und Accessoires

INHALT

KOSTBARKEITEN

Exquisite Geschenke

ES WEIHNACHTET

Festliche Stickereien

Material und Technik

LEHRGANG

Hardanger

Hardanger ist eine Doppeldurchbruchstickerei, deren Musterung von der Volkskunst Norwegens, genauer gesagt der Landschaft um den malerischen Hardanger Fjord, beeinflußt ist.

Typisch für Hardanger sind die gleichviel Stiche zählenden Plattstichgruppen, die in der Regel die Durchbruchpartien solide einfassen. Als Stickvorlage dient ein Zählmuster. Grundsätzlich wird mit stumpfer Nadel gestrickt.

Wie bei jeder Zählstickerei, so haben Sie auch bei Hardanger die Möglichkeit, alle Muster nach eigenen Ideen abzuändern.

Im Text wird wie folgt gekürzt:
FK / Fadenkreuzung, -en
GF / Gewebefaden, -fäden
MS / Mustersatz, -sätze
PG / Plattstichgruppe, -en
ZM /Zählmuster

Zählstoffe, Stickgarn

Wie für jede aufwendige Handarbeit so ist auch für Hardanger nur erstklassige Qualität gut genug. Es hieße an falscher Stelle sparen, stickte man auf billigem Zählstoff mit minderwertigem Garn. Stoff mit Leinen- oder Panamabindung muß quadratisch gewebt sein, d. h. gleichviel GF in Kette und Schuß messen gleichviel, füllen also die Fläche eines Quadrats.

Die Gewebedichte ist maßgebend für das Modell- bzw. Stickereimaß. Bei jedem der empfohlenen Zählstoffe ist deshalb unter Material angegeben, wieviel GF 1 cm bzw. 10 cm messen.

Das Modellmaß gilt immer nur für den empfohlenen Zählstoff.
In der Regel wird mit Perlgarn gestickt, bei einer GF-Dichte von 70 bis 75 auf 10 cm Perlgarn Nr. 3 für Platt-, Rück- und Kästchenstich, Perlgarn Nr. 5 für Stege und Langettenrand, evtl. Perlgarn Nr. 8 für Madeirasterne.

Auf feinfädigerem Zählstoff, z. B. mit 10 x 10 GF auf 1 qcm, sind Platt-, Rück- und Kästchenstich mit Perlgarn Nr. 5, Stege und Langettenrand mit Perlgarn Nr. 8, gleichseitige Sternstiche und Madeirasterne mit Vierfach-Stickgarn Nr. 8 oder Nr. 12 zu sticken.

1

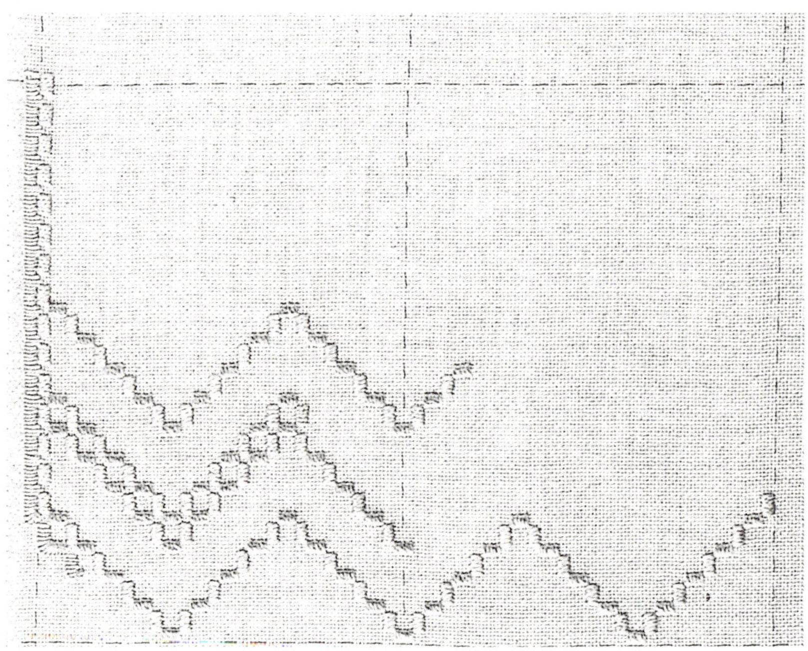

Zählmuster

Wie jede Zählstickerei so wird auch Hardanger nach einem ZM ausgeführt, sein Liniennetz entspricht den GF des Zählstoffes. In der Regel begrenzen Pfeile a und b 1 MS, Doppelpfeile oder Pfeile zeigen auf die Mitte eines MS oder Motives. Ist ein Motiv um die Mitte gruppiert, zeigt das ZM oft nur 1 Viertel, ist das Viertel gestickt, die Zählvorlage um 90° (Viertelkreis) drehen, das nächste Viertel sticken usw. ZM, die die Hälfte einer Stickerei darstellen, um 180° drehen bzw. „auf den Kopf stellen", dann ab Mitte die 2. wie die 1. Hälfte sticken.

In der Regel herrscht bei den Stickereien die Zahl 4, nicht nur der Plattstich umfaßt 4 GF, auch die Lücken zwischen den Stegen sind 4 GF breit (Abweichungen siehe Anleitung und ZM). Stege sind ebenfalls über 4 „klargelegte" GF zu umstopfen oder zu umwickeln (evtl. auch 2mal je 2 GF). Kästchen-, ein- und gleichseitiger Sternstich umfassen in der Regel 4 x 4 oder 8 x 8 GF, einfacher und doppelter Rückstich 4 – evtl. auch 2 – GF oder FK.

Zählhilfe

Markieren Sie vor dem 1. Stich die Stoffmitte im Bereich der Stickerei in Schuß- und Kettrichtung mit kontrastfarbenen Vorstichen (dafür Nähgarn oder dünne Garnreste verwenden), mit denen Sie dem Fadenlauf folgend exakt 4 GF auffassen und 4 GF übergehen, siehe Abb. 1. Auf dieselbe Weise sollten Sie auch die Abstände einzelner MS markieren. Die Zeit, die Sie dafür investieren, sparen Sie beim Sticken wieder ein. Ohne viel zu zählen, können Sie laufend kontrollieren, ob Sie genau nach Vorlage gestickt oder sich evtl. „verzählt" haben.

2

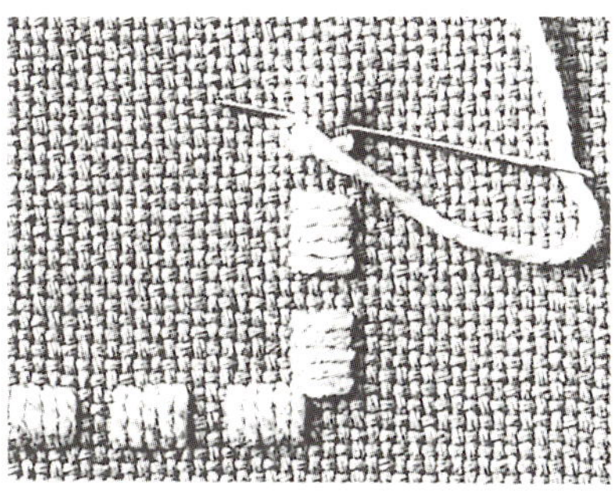

2a

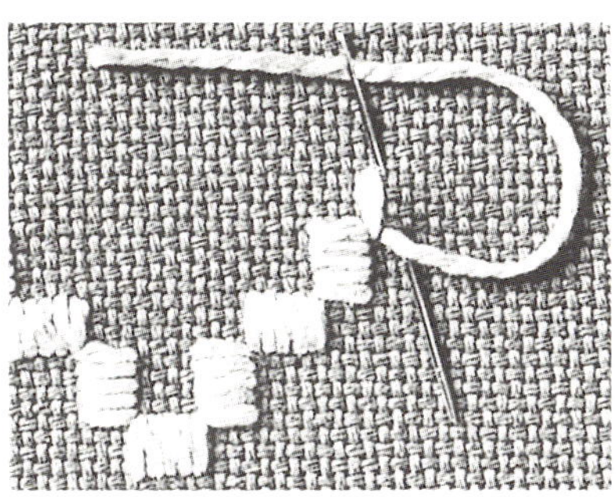

Plattstich

Jede Hardanger-Stickerei beginnt mit der Plattsticheinfassung der Durchbruchpartien. Die Stiche umfassen in der Regel 4 GF, Abstand 1 GF (zwischen 5 Stichen also 4 GF). Bei geradliniger Einfassung ist nach jeder PG ein Abstand von 4 GF einzuhalten, Abb. 2; in schräger Richtung wechselnd 1 Gruppe über 4 Kett-, die folg. über 4 Schußfäden sticken, Abb. 2 a; der 5. Stich der einen und der 1. Stich der folg. Gruppe treffen in dasselbe „Stichloch".

Anfänger sollten auf jeden Fall im Rahmen sticken; am besten ist ein kleiner runder Rahmen geeignet, von dessen Rand aus auch die Mitte des eingespannten Stoffes beim Sticken bequem zu erreichen ist (Klass-Art. 209); 155 mm, aber auch mit 185 und 215 mm Durchmesser erhältlich, Abb. 3.

3

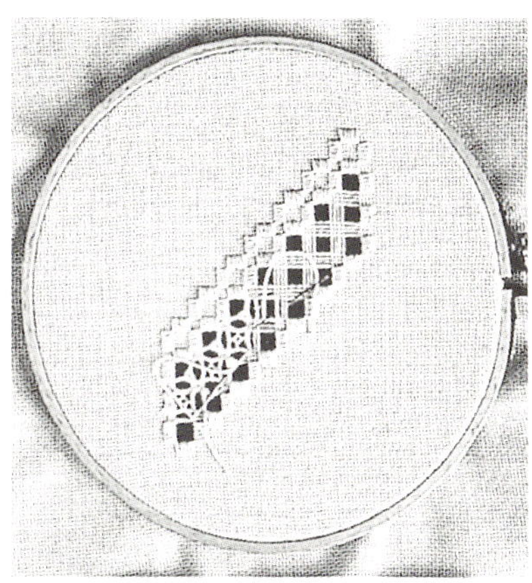

Ziersticche

Kreuzstich

Allseits bekannt ist der Kreuzstich, der in 2 Phasen zu sticken ist, Grundstiche lt. Abb. 4, Deckstiche lt. 4a; in der Regel umfassen sie 2 x 2 GF oder 4 x 4 GF (lt. Abb. 4, 4a 3 x 3 GF).

4 oben, 4a unten

Sternstich

Abb. 5: Den einseitigen Sternstich über 8 x 8 GF – über je 8 FK ein schräges, über je 8 GF ein stehendes Kreuz sticken. Abb. 5a: Der gleichseitige Sternstich zeigt auf Ober- und Unterseite gleiches Aussehen. Auf 1 schrägen über 4 FK folgt 1 Stich über 4 GF, ab Anfang 3mal wdh. – alle Stiche treffen mitten in 1 Einstichloch.

5

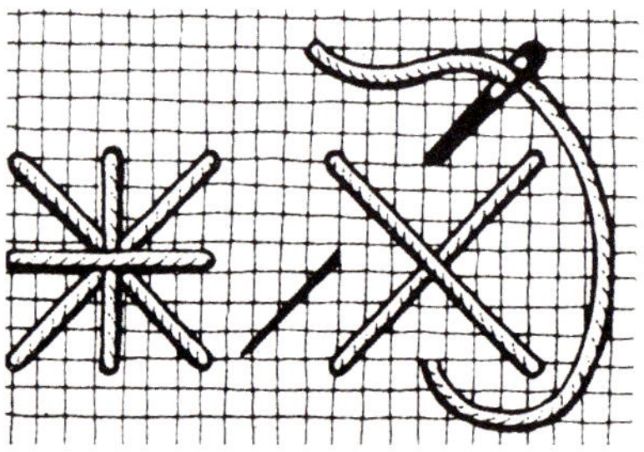

Madeirastich

Werden die Stiche nur über 2 GF bzw. 2 FK mit gestrafftem Faden gestickt – am Rand nur 1 GF Abstand – weitet sich mitten die Einstichstelle zum Loch, man spricht vom Madeirastich bzw. Madeirastern, Abb. 5b.

Sind Madeirastiche innerhalb eines Langettenrandes einzufügen, muß man sie grundsätzlich vor dem Langettieren sticken.

5b

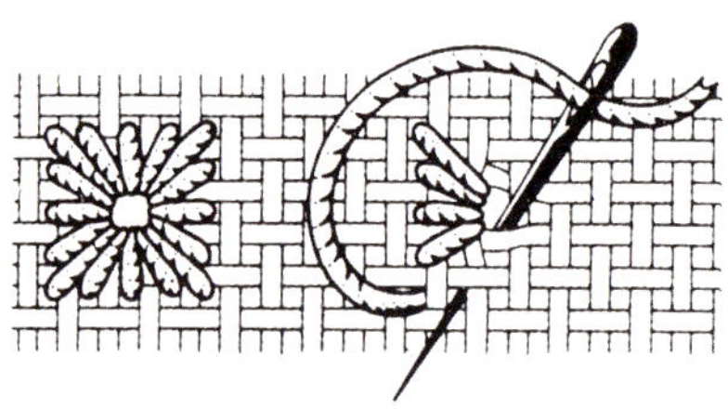

5a

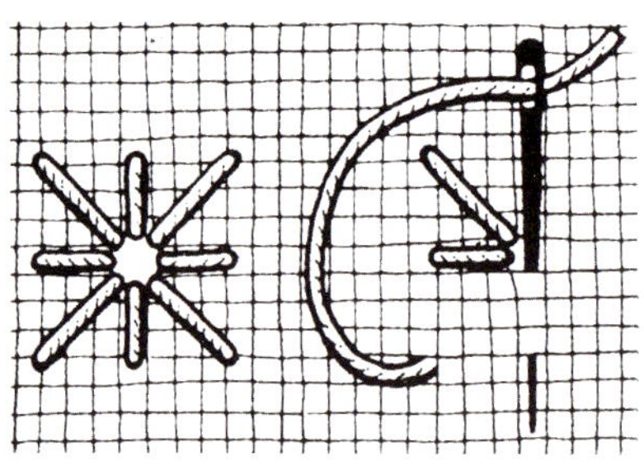

Kästchenstich

Die Ausführung des Kästchenstiches erklärt die Abb. 6: 1 = Ausstich, 2 = Einstich, lt. Schema die Stiche 3 bis 8 fortl. wiederholen; Strichellinien markieren die Verbindungsstiche, die auf der Rückseite liegen.

6

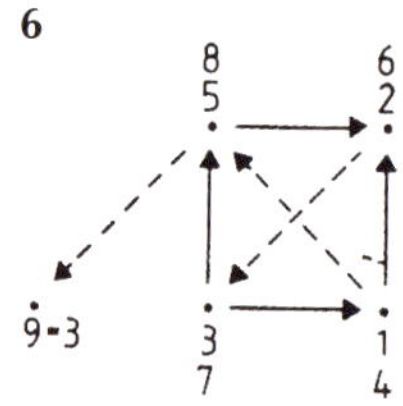

Ist der Kästchenstich als Randbefestigung vorgesehen, stickt man ihn in 2 Phasen lt. Abb. 6a und 6b. Zunächst zwischen die senkrechten je 1 waagrechten Rückstich setzen, der den Rand begrenzt, der Zählstoff muß mindestens 4 GF überstehen (in der Regel wird man den Stoff erst nachdem die 1. Phase gestickt ist, auf 4 GF beschneiden). Nachdem der überstehende Rand beschnitten worden ist, die

6a

6b

Kästchenstiche lt. Abb. 6b „schließen“: Stoffrand umlegen, die senkrechten durch einen 2. senkrechten Stich ergänzen (wobei der umgelegte Stoffrand mitzufassen ist); jedes Kästchen mit 2 waagrechten Rückstichen ergänzen.

Doppelter Rückstich

Den doppelten Rückstich über 4 GF, Abstand 1 GF, zeigt Abb. 7, und die Abb. 7a erklärt die Ausführung einer Doppelreihe, in 2. Reihe treffen die oberen Stiche in Ein- und Ausstichpunkte der 1. Reihe. Abb. 7b bis 7d: Umrandung einer Raute mit doppeltem Rückstich über je 2 FK, Abb. 7e erklärt die Doppelreihe.

7

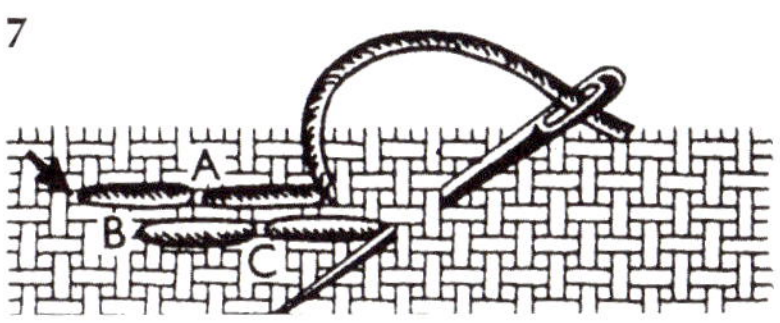

7a

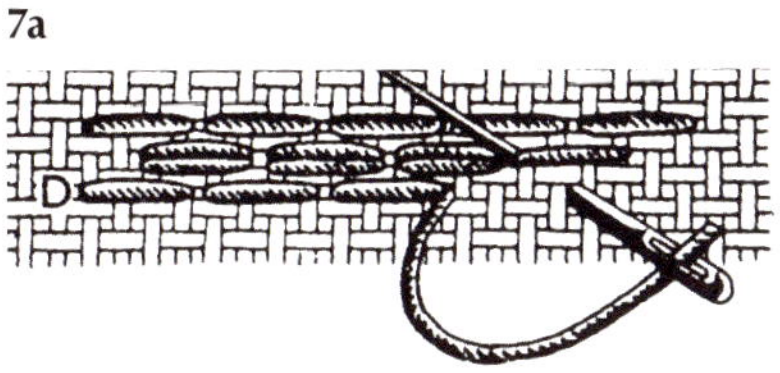

Durchbruch

Sind alle PG und evtl. auch Zierstiche gestickt, werden für den Durchbruch die GF in Kette und Schuß nach und nach ausgezogen bzw. „klargelegt“, in der Regel 4 GF ausziehen, 4 GF stehenlassen. Zuvor mit scharfer spitzer Schere die GF knapp neben dem Plattstich durchschneiden, dann erst ausziehen, also wechselnd 4 Kett- und 4 Schußfäden, siehe Abb. 8, 8a.

8

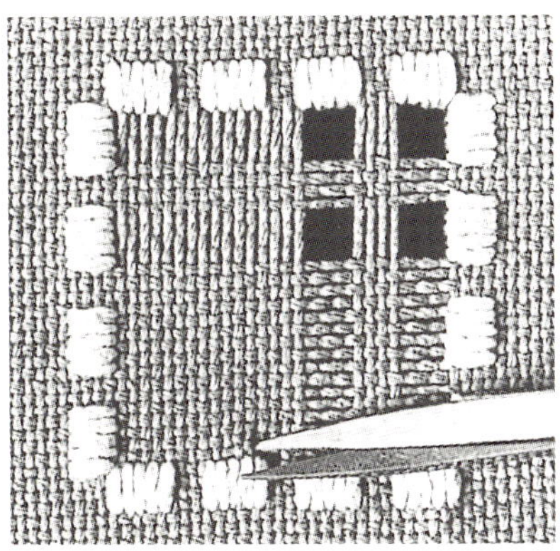

Wie bei jeder Regel gibt es auch hier Ausnahmen. Statt 4 kann man nur 2 GF ausziehen, siehe Abb. 8b. Die Lücken zwischen den Stegen fallen dann dementsprechend schmaler aus .

8a

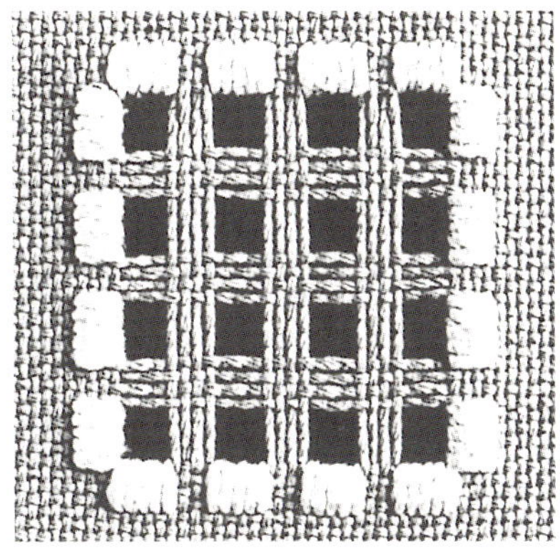

8b

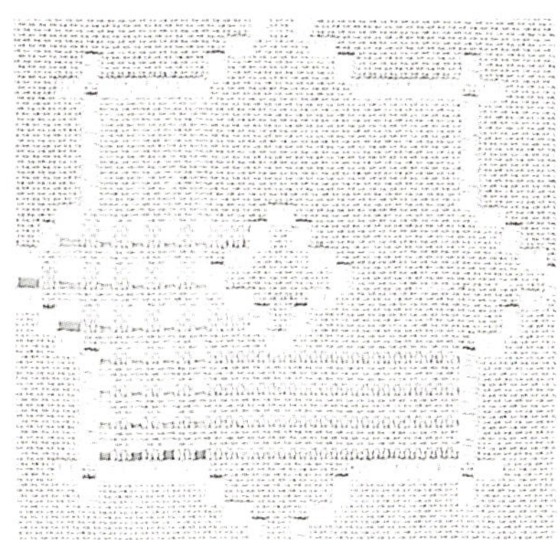

7b

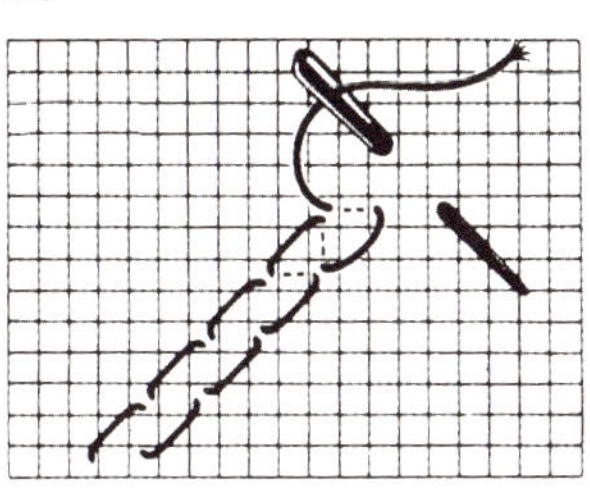

7c

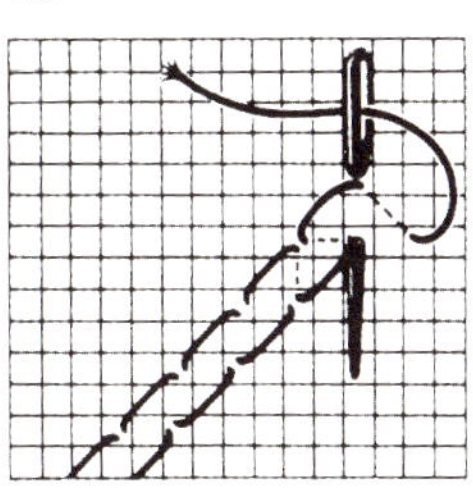

7d

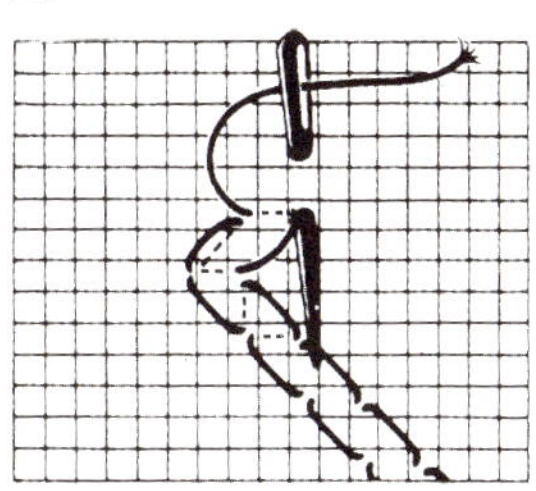

7e

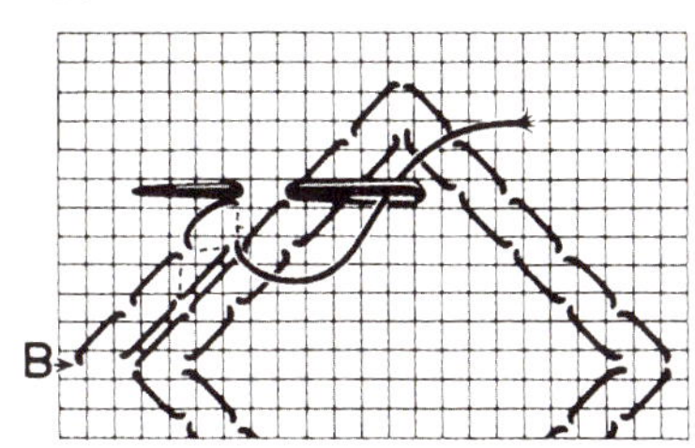

Stege

Stopfstege

Abb. 9: Von 4 klargelegten GF fortl. 2 GF auffassen, 2 GF übergehen, dann wenden; die Stiche „dicht an dicht " ausführen, GF dürfen nicht durchscheinen. Lt. Abb. 9a bis c in einer Durchbruchfläche in Stufen wechselnd 4 Kett- und 4 Schußfäden umstopfen. Strichellinien deuten die auf der Rückseite liegenden Verbindungsstiche an.

9

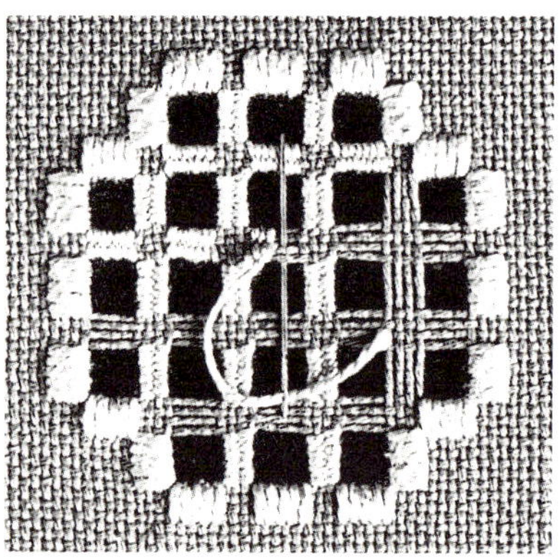

9a

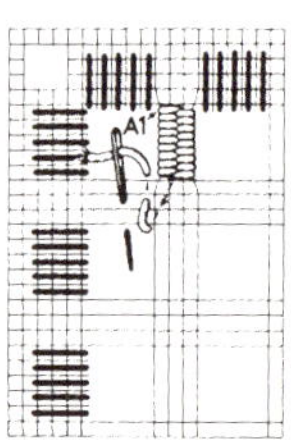

9b

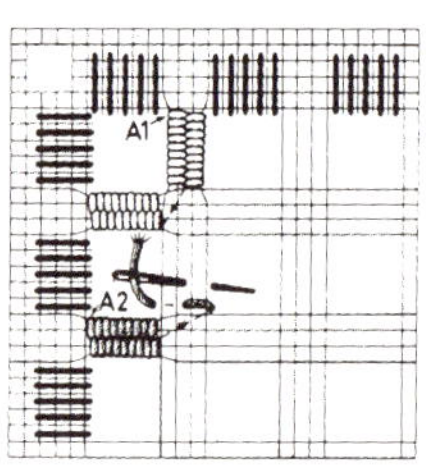

Wickelstege

Man kann alle 4 GF umwickeln, siehe Abb. 10; meist umfassen Wickelstege jedoch nur 2 GF, so daß jeweils 2 und 2 GF zu umwickeln sind, Abb. 10a.

Überkreuz angeordnete Wickel- oder Stopfstege können in der Diagonale mit einfachen, doppelten und „gegabelten" Wickelstegen ergänzt werden, Abb. 11 und 12; dafür einen oder mehrere Spannfäden umwickeln.

9c

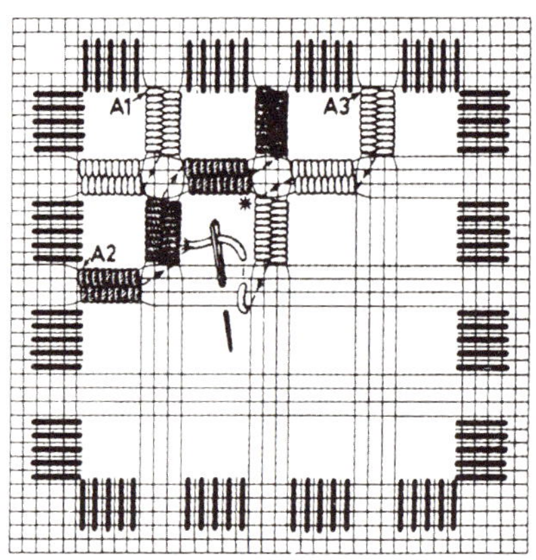

Für eine „Gabelung" erfaßt man beidseitig der Ecke, zwischen 2. und 3. Plattstich der Einfassung 2 GF, umwickelt diesen Stich zur Hälfte, führt den Faden zur Stegkreuzung, in der Mitte einstechen, Spannfaden bis zur Gabelung umwickeln, erst dann die 2. Hälfte der Gabelung; im Plattstich zur nächsten Ecke vorgehen usw.

10

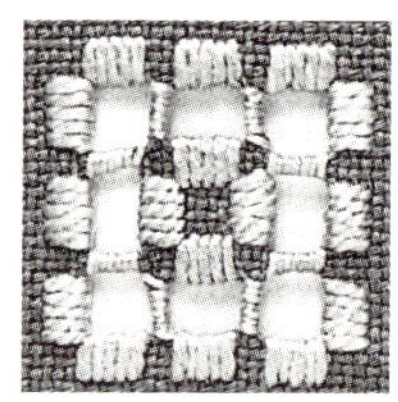

10a

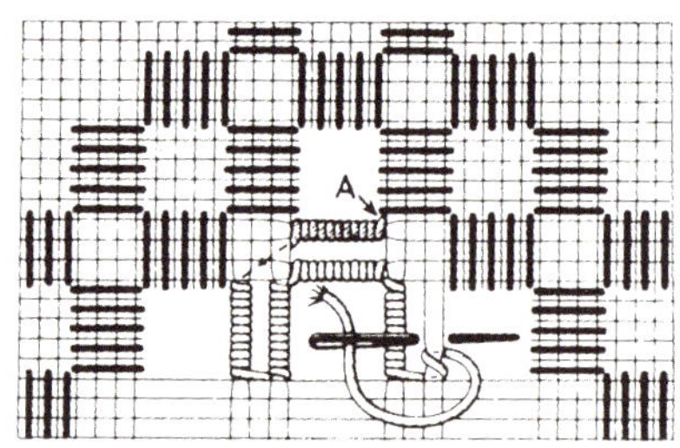

11

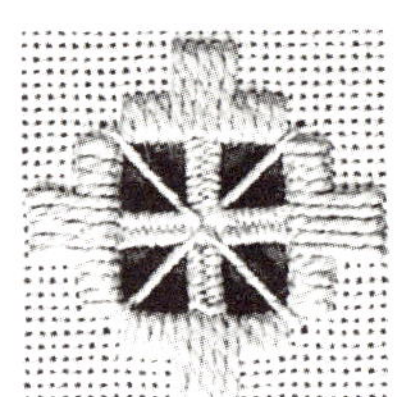

12

Verzierte Stege

Soll der Durchbruch bzw. sollen Stege mit Schlingstich verziert werden, sind ab Mitte des 4. Stopf- bzw. 4. inneren Wickelsteges (Abb. 13, 14) die Schlingstiche von Steg- zu Stegmitte einzufügen. Nach dem 4. Schlingstich den 4. Steg vollends umstopfen oder umwickeln, Abb. 13a, 14a.

Lt. Abb. 13b und c zwischen Wickelstegen um 4 GF jeden Schlingstich der „Füllung“ 1mal umwickeln, erst nach dem 4. Schlingstich auch den 1. Schlingstich umwickeln.

Abb. 13d: Nachdem pro Steg je 4 GF umwickelt worden sind, 4 Schlingstiche von Ecke zu Ecke sticken, je 1 FK oder 2 FK erfassen.

Stopfstege kann man mit Pikots ausschmücken; dafür in Stegmitte 1 Knopflochstich einfügen, Abb. 15, die Verknotung nach außen dirigieren, unter dem Pikot in Stegmitte ausstechen, das Umstopfen fortsetzen. Das Pikot fällt größer aus, wenn man den Faden vor dem Knopflochstich 1mal um die Nadel wickelt, siehe Abb. 15a.

13

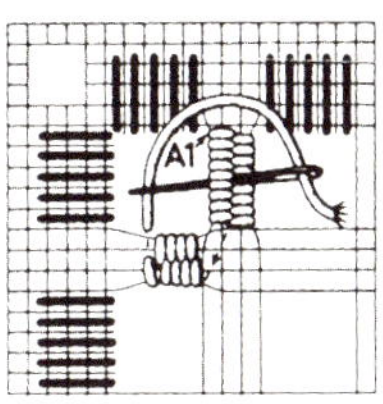

13a

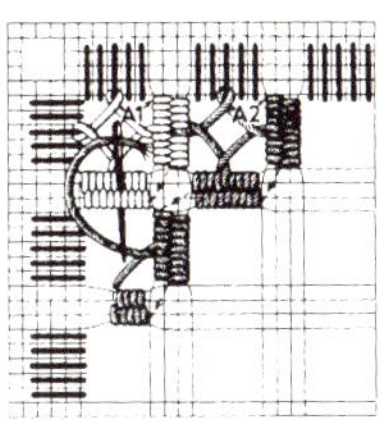

14

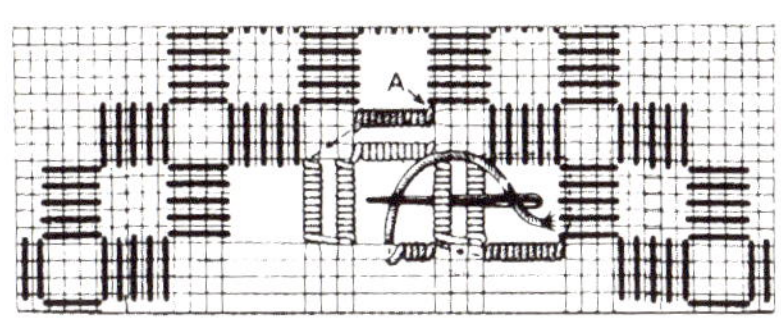

15

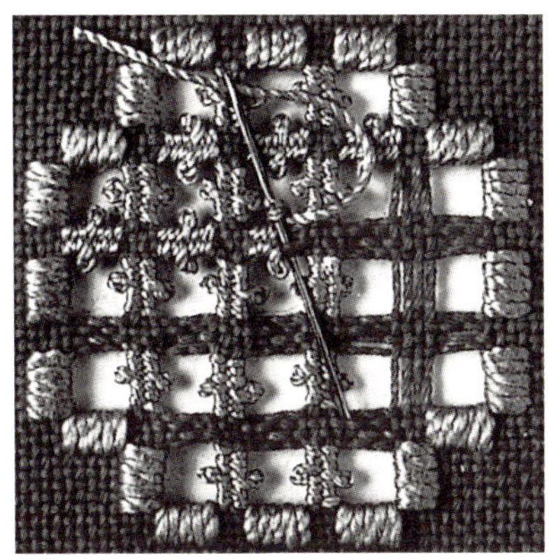

13b

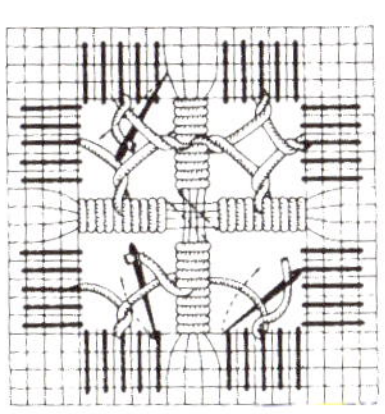

13d

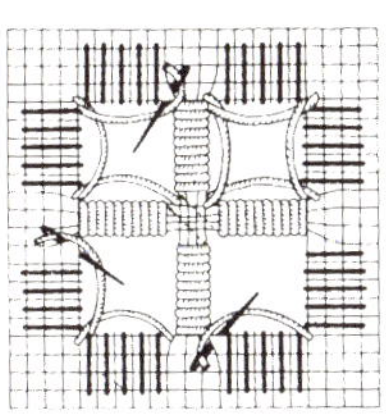

14a

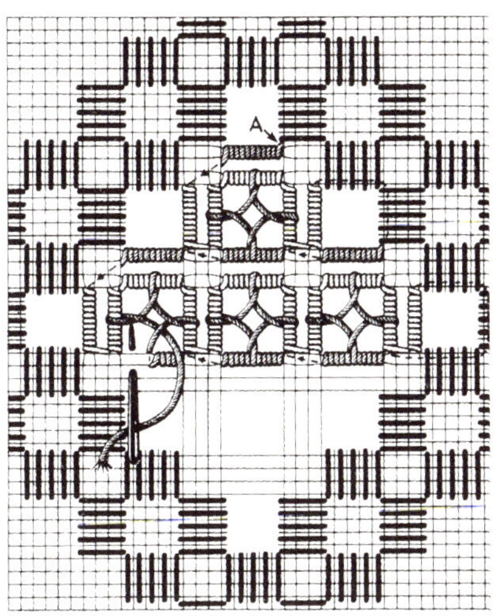

15a

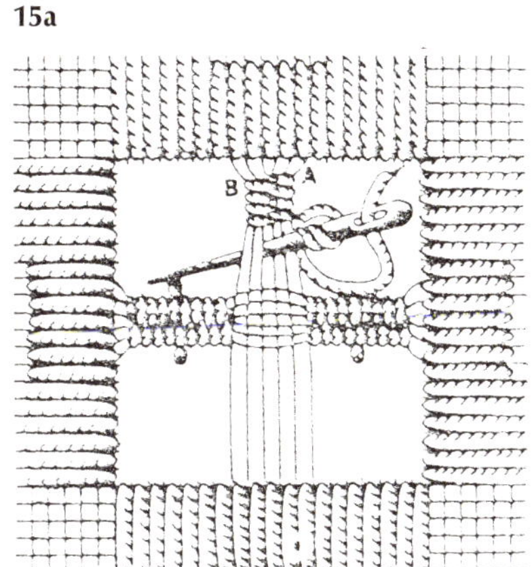

13c

Viereck-Füllungen

Kreuzblume, auch Kleeblatt genannt

Die Abb. 1a, 1b und 1c erklären die Stickweise: Zum in Schuß und Kette klargelegten Fadenkreuz (von 12 x 12 GF den 1. bis 4. und 9. bis 12. GF ausziehen, Abb. 1a) ab Mitte in der Diagonale je 1 Wickelsteg einfügen, Abb. 1b. Dann die Blätter ab Mitte dicht einstopfen: 2 Schußfäden auffassen, Wickelsteg übergehen, 2 Kettfäden auffassen, rückgehend Schuß- und Kettfäden übergehen, dazwischen den Wickelsteg auffassen usw.; ab Mitte Faden zunächst straff, dann nach und nach loser weiterführen, Abb. 1c.

Im Unterschied zur Kreuzblume sind lt. 2a bis c von 12 x 12 GF der 5. bis 8. GF in Schuß und Kette auszuziehen. Von den 4 klargelegten GF außen je 2 GF lt. Abb. 2b zu Stegen umwickeln. Dann jeweils ab Ecke je 2 Schuß- und Kettfäden zu Keilen umstopfen, Abb. 2c.

1a 1b 1c

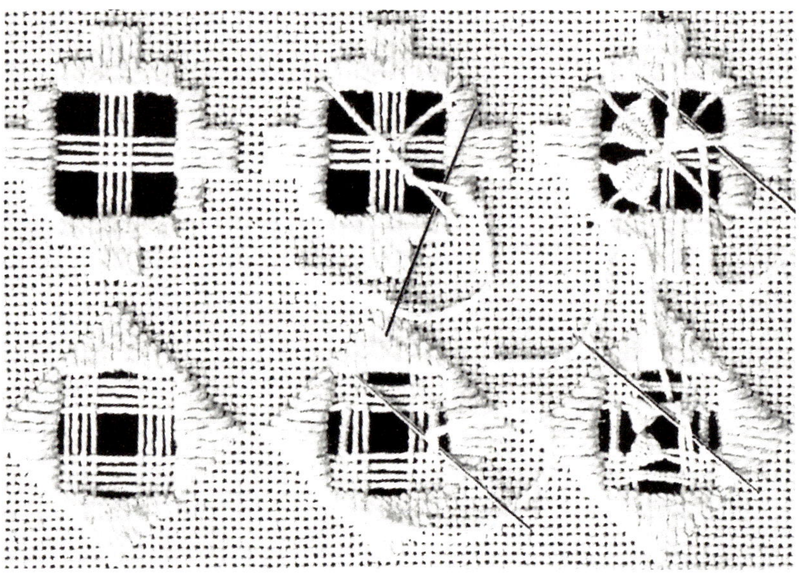

2a 2b 2c

Malteserkreuze

Abb. 3: Im Unterschied zum Kleeblatt sind keine Wickelstege einzufügen, nur die GF – jeweils den 3. und 4. GF der einen und der 1. und 2. GF der folg. 4 GF – sind zu umstopfen. Am Rand beginnen, den 3. und 4. GF des einen Fadensteges 3-, 4mal umwickeln, in der Mitte ausstechen. Diese 2 GF und den 1. und 2. GF des folg. Fadensteges ca. 8mal umstopfen, dabei innen den Faden mehr straffen als außen. Danach den 1. und 2. GF bis zum Rand umwickeln, innerhalb des Plattstiches zum nächsten Viertel weiterstechen, die folg. „Balken" genauso umstopfen.

Lt. Abb. 3 folgen auf jedes Malteserkreuz in oberer und unterer Hälfte 2 Wickelstege über je 2 GF.

Lt. Abb. 4 sind Malteserkreuze in der Diagonale zu sticken. Man arbeitet in 2 Phasen: Am Außenrand fortl. je 3 Balken einstopfen, dann rückgehend mit dem 4. Balken ergänzen.

3

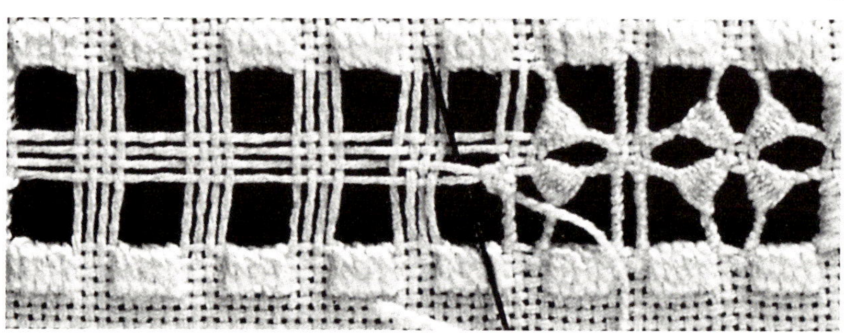

5

4

Stick-beispiele

In den 12 Motiven lt. Abb. 5 sind 12 x 12 GF mit je 13 Plattstichen eingefaßt. Fürs 1. bis 8. Motiv (reihenweise von links nach rechts gezählt) jeweils den 1. bis 4. und 9. bis 12. GF in Schuß und Kette „klarlegen“. Im 1. bis 6. Muster die GF zu Stegen umstopfen – im 3. und 6. mit Pikots verzieren. Im 2. Motiv ab Mittelpunkt in der Diagonale je 2 Fäden vorspannen, ebenfalls umstopfen, im 5. Motiv je 1 Faden spannen und rückgehend dicht umwickeln.

Im 4. Motiv jeweils ab Ecke zur Stegmitte, durch den Steg zur nächsten Ecke usw. 1 Faden spannen und lt. Abb. 5a ab Ecke zu Keilen umstopfen; im Steg und durch den Plattstichrand zur nächsten Ecke vorgehen usw. Im 7. Motiv je 2 GF umwickeln, die Lücken jeweils mit 4 umwickelten Schlingstichen füllen; im 8. Motiv ein Malteserkreuz.

5a

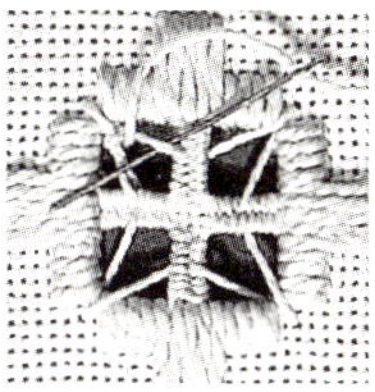

Randbefestigungen

Für die Motive 9 bis 12 jeweils den 5. bis 8. GF in Schuß und Kette ausziehen, Stege stopfen. Im 10. Motiv die Mitte mit 4 umwickelten Schlingstichen füllen, siehe Abb. 13c auf Seite 11. Im 11. Motiv an der Steginnenseite je 1 Pikot einfügen und im 12. Motiv von Ecke zu Ecke je 1 Schlingstich sticken (mit dem 4. auch den 1. Stich erfassen) und umwickeln. Faden auf der Rückseite zum Rand leiten und in den Plattstichen vernähen.

Saum

Solidester Abschluß ist ein Saum, den man hohl annäht oder mit einfachem Hohlnahtstich, je nach Gewebedichte 2 oder 4 GF bündeln, befestigt; Abb. 1a zeigt eine Stäbchen-, Abb. 1b eine Zickzackhohlnaht. Lt. Abb. 1c GF übereck bis an die Kreuzung ausziehen und zurückstopfen. Vor dem Säumen Ecken lt. Abb. 2a bis c abschrägen.

Bei Zählstoff mit 7 bis 8 GF pro Zentimeter sollte man den Saum einfach umlegen, zuvor mit Zickzackstich versäubern, Abb. 2d.

1a

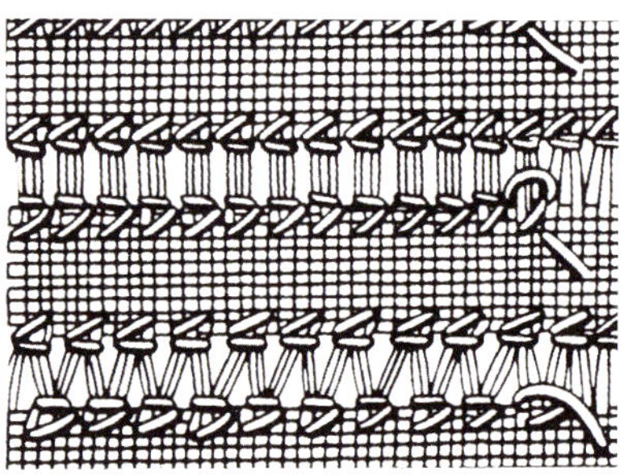

1b

1c

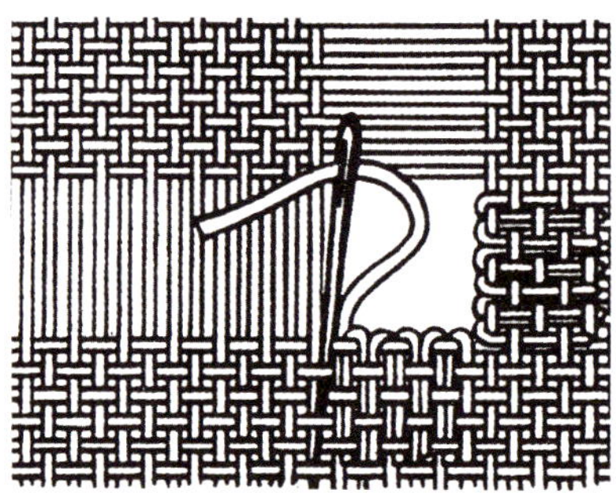

2a

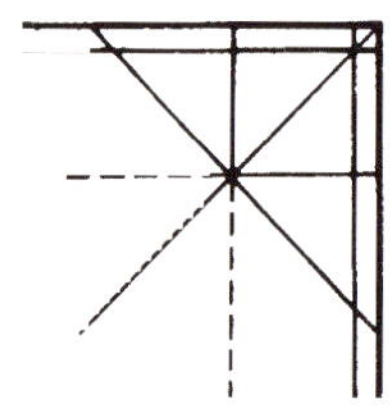

2c

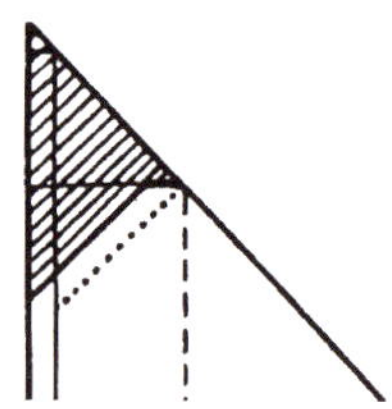

2b

2d

Langettenrand

Einen geraden Langettenrand durch Fadenauszug begrenzen. Ab Fadenrinne Zickzackstich über 3 GF steppen. Dann erst den Rand wie üblich über 4 GF langettieren, in der Fadenrinne ausstechen, siehe Abb. 3a.
Lt. Abb. 3a bis d folgen auf 5 Stiche über 4 GF je 1 Stich über 5, 6, 5 GF, übereck 5 Stiche in 1 Einstichpunkt, siehe Abb. 3c. Eine zusätzliche Sicherung ist der Fadeneinzug über der Rückseite lt. Abb. 3b. Zum Schluß den überstehenden Stoff mit scharfer spitzer Schere über der Rückseite in der Fadenrinne dicht neben dem Langettenrand abschneiden, Abb. 3d.

Ist der Rand abgestuft, wird erst nach dem Langettieren direkt angrenzend je 1 GF ausgezogen, Abb. 3e (zuvor in allen Ecken das Fadenkreuz mit spitzer Schere durchschneiden). Auch über einem Stufenrand kann über der Rückseite ein Faden eingezogen werden – er darf den Rand nicht einhalten.
Wieder über der Rückseite den überstehenden Stoff in der Fadenrinne sauber abschneiden, siehe Abb. 3f, g.

3a

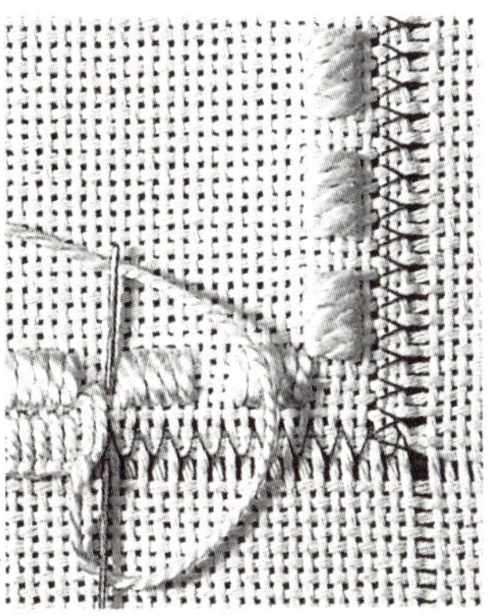

3b

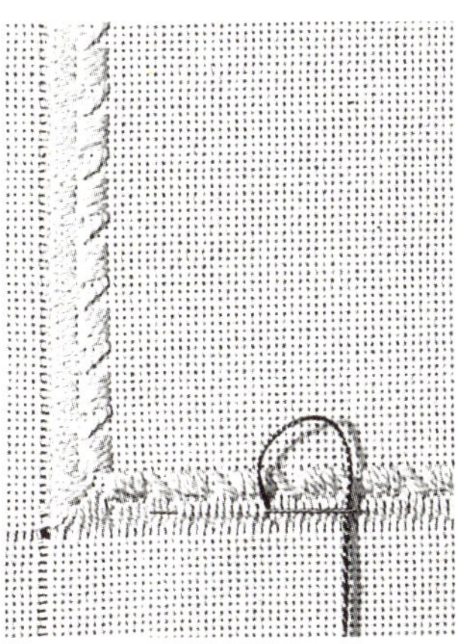

3c

3d

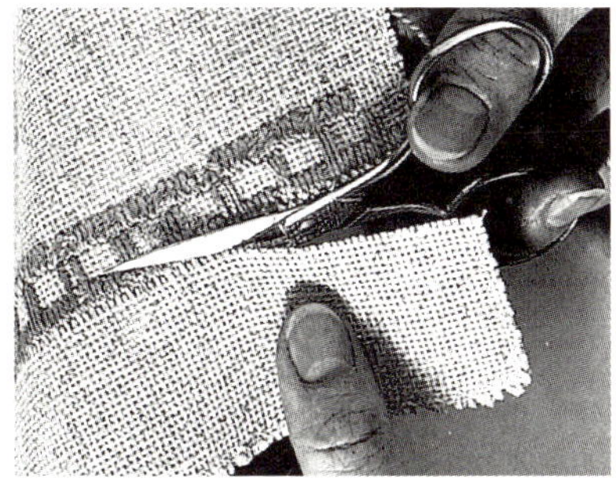

3e

3f

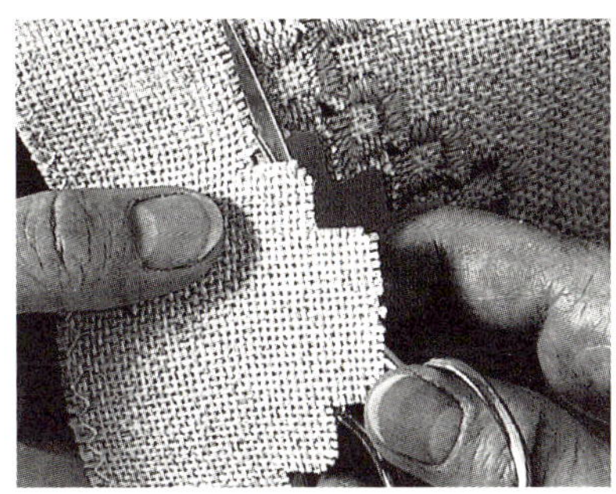

3g

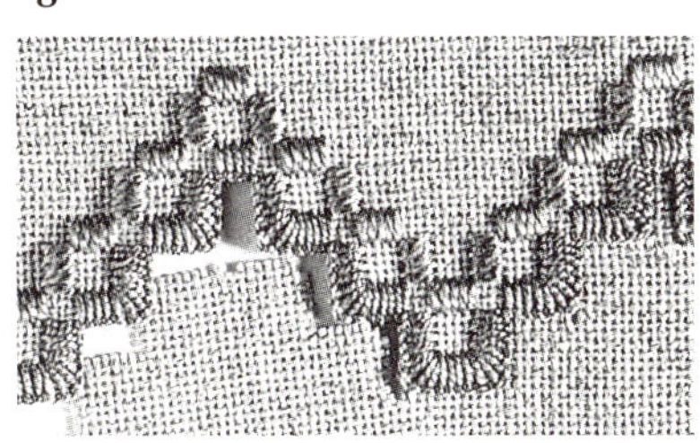

Durchbruchrand

Anspruchsvollster aller Abschlüsse ist ein spitzenartiger Durchbruchrand. An die Stickerin werden hohe Ansprüche gestellt – daher Anfängerinnen nicht anzuraten. Nur wer die Technik perfekt beherrscht, sollte sich einen durchbrochenen Abschluß zutrauen.

Wie üblich sind für den Durchbruch wechselnd 4 GF auszuziehen, 4 GF bleiben stehen – die GF jedoch nicht sofort in voller Breite sondern nach und nach ausziehen und die klargelegten GF nach und nach zu Stegen umstopfen. Am Rand über Ecken je 7 Langettenstiche einfügen, Abb. 2a, b und 3.

Den Durchbruch lt. ZM zunächst am Innenrand mit Plattstichgruppen sichern. Dann in Durchbruchseite in Hin- und Rückreihe Vorstiche über je 8 GF einziehen, jeweils inmitten der Stoffvierecke aus- und einstechen; in Rückreihen die Lücken der Hinreihen schließen (in Abb. 2 und 3 deutlichkeitshalber mit dunklem Faden). Jetzt erst die Stege umstopfen, auch diese Hilfsstiche, die dem Rand Festigkeit verleihen (ausgetüftelt und erprobt von Elvira Weber, Kursleiterin).

Einen Zackenrand können Anfänger lt. Abb. 4a ohne (linke Hälfte), Fortgeschrittene mit Durchbruch lt. Abb. 4b sticken (rechte Hälfte).

Einen solideren Rand zeigt Abb. 5. Der Durchbruch reicht nicht bis an den Langettenrand, sondern angrenzend an diesen sind Madeirasterne eingefügt; man muß sie unbedingt vor dem Langettieren sticken.

Von Hildegard Iserlohe folgender Tip:
Die Stoffvierecke innerhalb des Durchbruchrandes lt. Abb. 6 mit je einem Tupfer Textilkleber sichern – siehe Pfeil in der Abb. 6. Danach Stege einstopfen und über den Ecken je 7 Langettenstiche einfügen, Abb. 6a. Zuletzt wie üblich den überstehenden Stoffrand bzw. die GF sauber abschneiden.

Zusatzsicherung:
Die Rückseite evtl. mit Vlieseline überbügeln, siehe Abb. 6b, c; überstehende Vlieseline sauber abschneiden.

Und noch ein Tip:
Wenn Sie eine Decke für den täglichen Gebrauch sticken, sollten Sie Saum oder Langettenrand den Vorzug geben.

2

2a

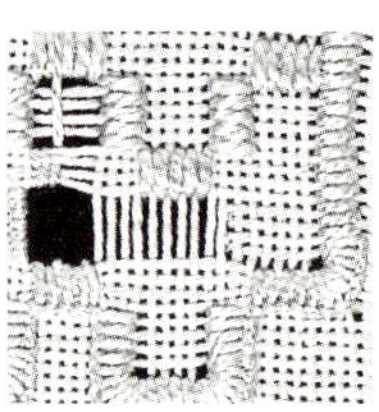

2b

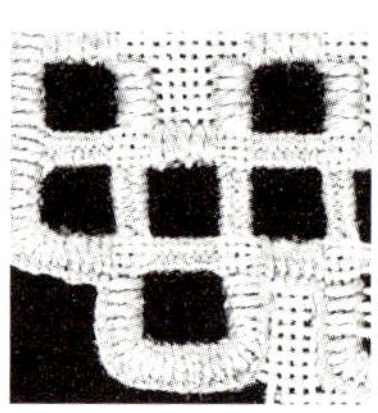

3

5

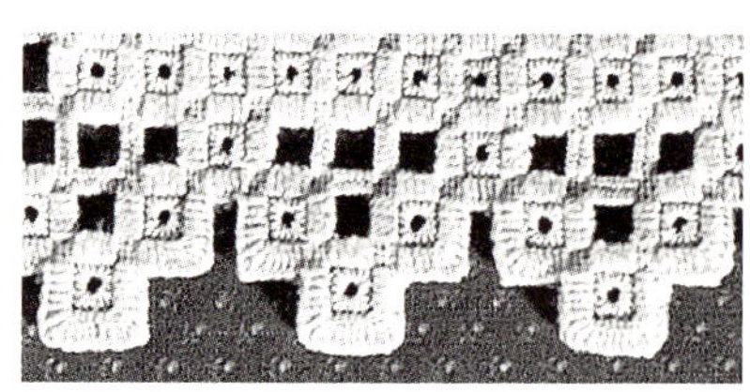

4a **4b**

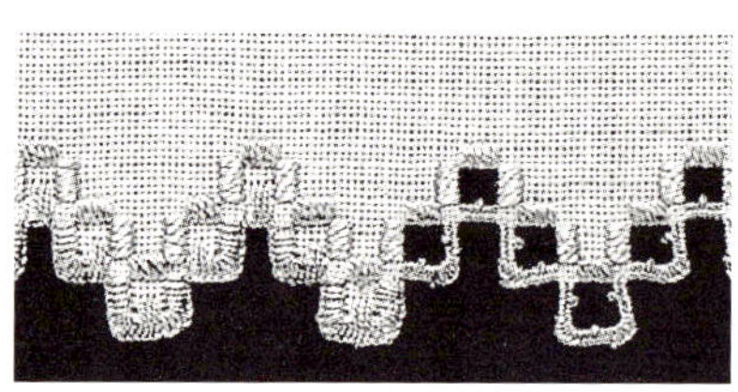

6

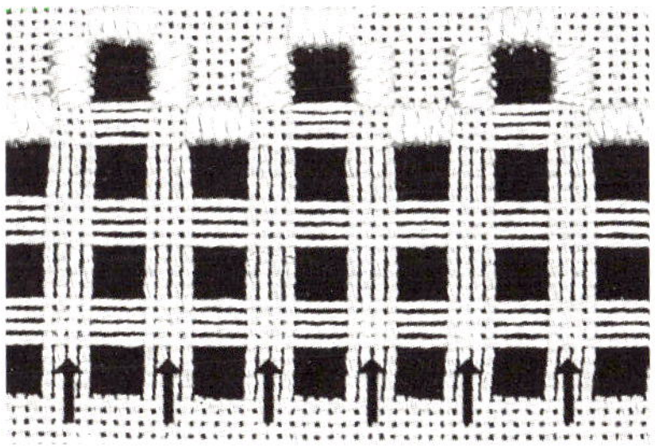

6a

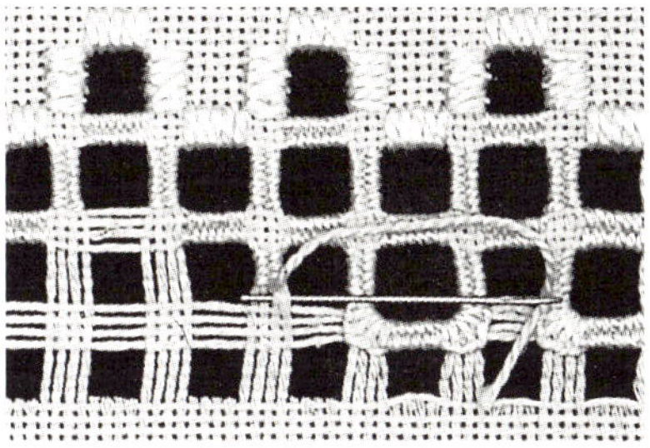

6b

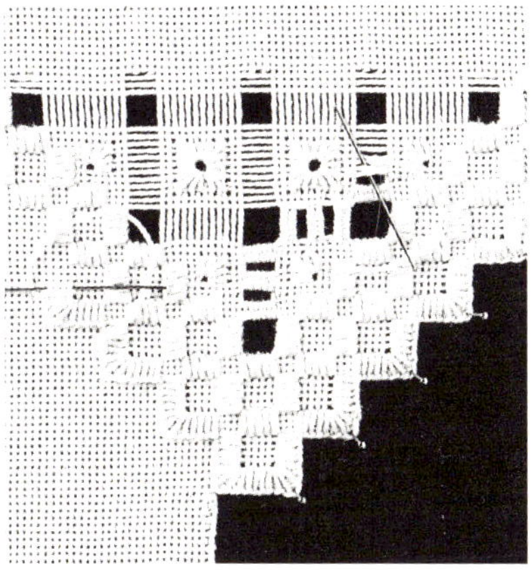

6c

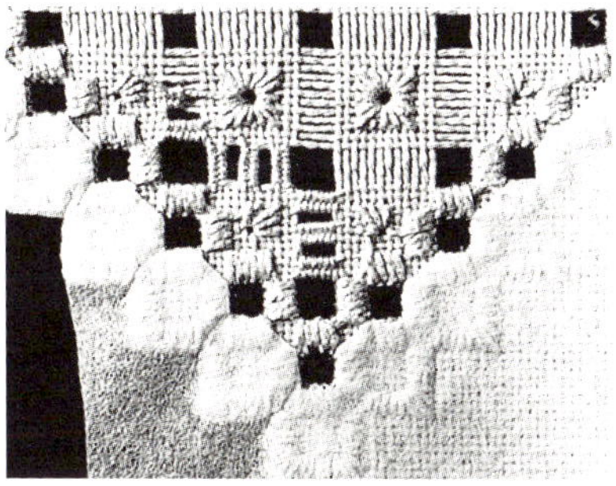

Tischwäsche und Accessoires

Weiße Mitteldecke

Größe
Ca. 60 x 60 cm, in Länge und Breite um MS-Länge (à 80 GF/112 mm) veränderbar

Material
Je 70 x 70 cm Zählstoff, 71 Gewebefäden/GF = 10 cm (Zweigart-Art. 3770 „Davosa", 140 und 180 cm breit);
Coats Mez oder DMC Perlgarn:
9 Str. Weiß Nr. 3 sowie
6 Str. Weiß Nr. 5

Ausführung
In der Mitte einer Seite ca. 5,5 cm ab Rand mit der Plattsticheinfassung beginnen, von Pfeil a bis c, dann von a bis b sticken = 1 Viertel, noch 3mal wdh., in den Ecken weißer doppelter Rückstich über den „Blüten". Im Durchbruch Stopfstege mit Pikots. Zuletzt Rand langettieren. Überstehenden Stoff sauber abschneiden.

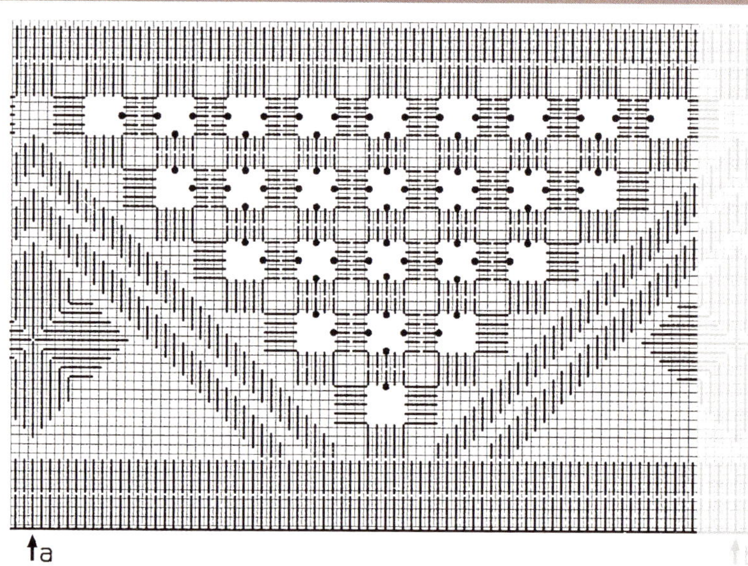

c
e
b
d

Set & Untersetzer

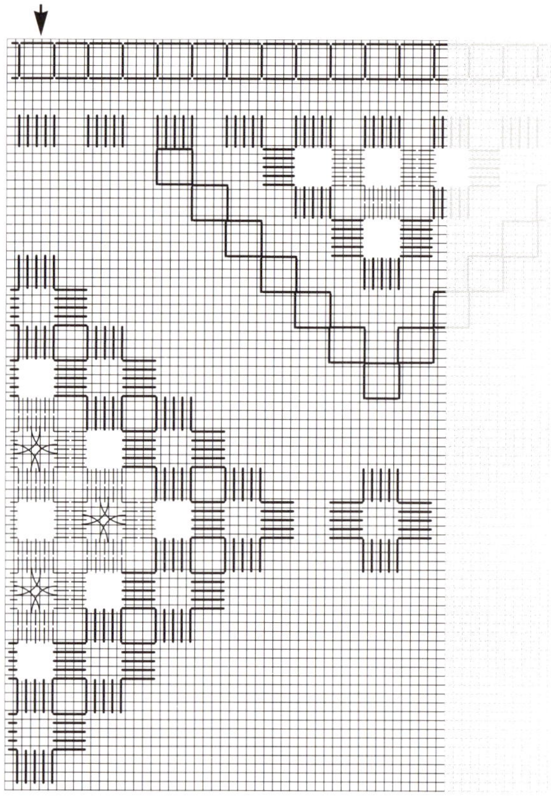

Zählmuster Set

Abweichende Angaben zum Untersetzer in Klammern.

Größe

43 x 43 (24 x 24) cm

Material

0,50 m Zählstoff – 140 cm breit, 10 Gewebefäden/GF = 1 cm (Zweigart -Art. 3835 „Lugana", reicht für 2 Modelle), mit 4 (2) Str. MEZ Perlgarn Nr. 5 für Platt- und Kästchenstich, 1 Kn. (Rest) Nr. 8 zum Durchbruch (Madeirasterne)

Ausführung Set

Zuschnitt 50 x 50 cm. Ca. 6 cm ab Rand mit Kästchenstich beginnen, lt. ZM zum Quadrat vervollständigen. Im Durchbruch Stopfsteg, teils mit Schlingstichen verziert. Stoff außerhalb des Kästchenstiches auf 6 cm fadengerade beschneiden. Ecken für einen 2,5 cm breiten Saum abschrägen. Säumen: Über-

Entwurf und Ausführung:
M. Brandt

Tischband

Zählmuster Untersetzer

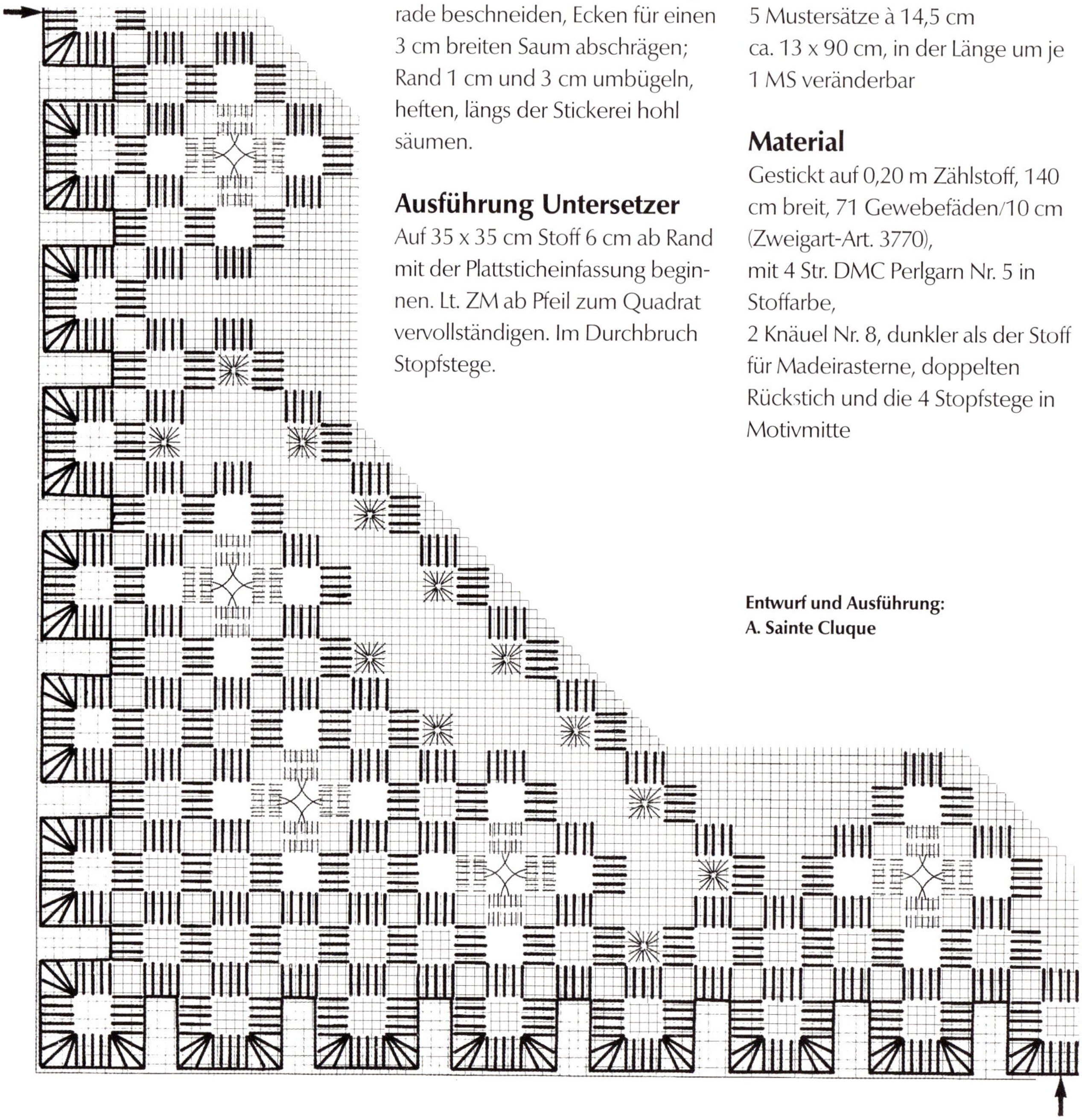

stehenden Stoff auf 7 cm fadengerade beschneiden, Ecken für einen 3 cm breiten Saum abschrägen; Rand 1 cm und 3 cm umbügeln, heften, längs der Stickerei hohl säumen.

Ausführung Untersetzer

Auf 35 x 35 cm Stoff 6 cm ab Rand mit der Plattsticheinfassung beginnen. Lt. ZM ab Pfeil zum Quadrat vervollständigen. Im Durchbruch Stopfstege.

Größe

5 Mustersätze à 14,5 cm
ca. 13 x 90 cm, in der Länge um je 1 MS veränderbar

Material

Gestickt auf 0,20 m Zählstoff, 140 cm breit, 71 Gewebefäden/10 cm (Zweigart-Art. 3770),
mit 4 Str. DMC Perlgarn Nr. 5 in Stoffarbe,
2 Knäuel Nr. 8, dunkler als der Stoff für Madeirasterne, doppelten Rückstich und die 4 Stopfstege in Motivmitte

Entwurf und Ausführung:
A. Sainte Cluque

Ausführung

Zuschnitt lt. Modellmaß 20 x 100 cm. In der Mitte einer Schmalseite 5,5 cm ab Rand mit der Plattsticheinfassung beginnen, 5 MS von Pfeil a bis Pfeil b sticken, gegengleich enden. Im Durchbruch Stopfstege mit Ösen. Madeirasternchen nach dem Langettieren einsetzen, dann erst den Rand beschneiden.

Kissentrio

Größe

Kissenmaß je 40 x 40 cm

Material

Gestickt auf Hardangerstoff, 170 cm breit, 9 Fadenpaare/FP = 1 cm, 0,45 m für 2 Kissen ausreichend (Leibfried-Art. 1007/09, 100% Baumwolle, pflegeleicht); 1 Knäuel MEZ Perlgarn Nr. 8 (Platt- und doppelter Rückstich) und 2 Str. MEZ Vierfach-Stickgarn Nr. 16 für den Durchbruch

Ausführung

Zuschnitt 45 x 85 cm. Ca. 10 cm ab einer Schmalseite und je 2,5 cm ab Längsseite 40 x 40 cm mit fadengeraden Vorstichen angrenzen. Innerhalb dieses Quadrats die Mitte einteilen, die ZM zeigen zwischen den Pfeilen 1 Viertel. Im Durchbruch Stopfstege, teils mit Schlingstich verziert. Stickerei von links bügeln. Schmalseiten beidseitig ca. 7,5 cm mit 2,5 cm breiter Naht verbinden, Nahtränder versäubern, auseinanderbügeln. Einen Reißverschluß, 30 cm lang, verdeckt einsetzen. Teil wenden und so falten, daß das umgrenzte Quadrat die Kissenoberseite bildet. Übrige Nähte 2,5 cm breit schließen, Nahtrand auf 1 cm beschneiden, zusammengefaßt versäubern.

Zählmuster Modell A (im Foto ganz links)

Zählmuster Modell B (im Foto Mitte)

Zählmuster Modell C (im Foto rechts)

Vorhangspitze

Größe
Mit 8 MS 78 x 25 cm.
Bordürenbreite 13,5 cm
à MS 8,5 cm

Material
Gestickt auf 140 cm breites Grobsiebleinen, 75 Gewebefäden/GF = 10 cm, lt. Modellmaß 0,35 m (Zweigart-Art. 3613 „Cork“), mit MEZ Perlgarn, für ca 0,80 m Spitze 5 Str. Nr. 3 für den Plattstich, 3 Str. Nr. 5 für Stege und Langettenstich sowie 2 Knäuel Nr. 8 für Madeirasternchen und Hohlnahtstich.

Entwurf und Ausführung: E. Weber

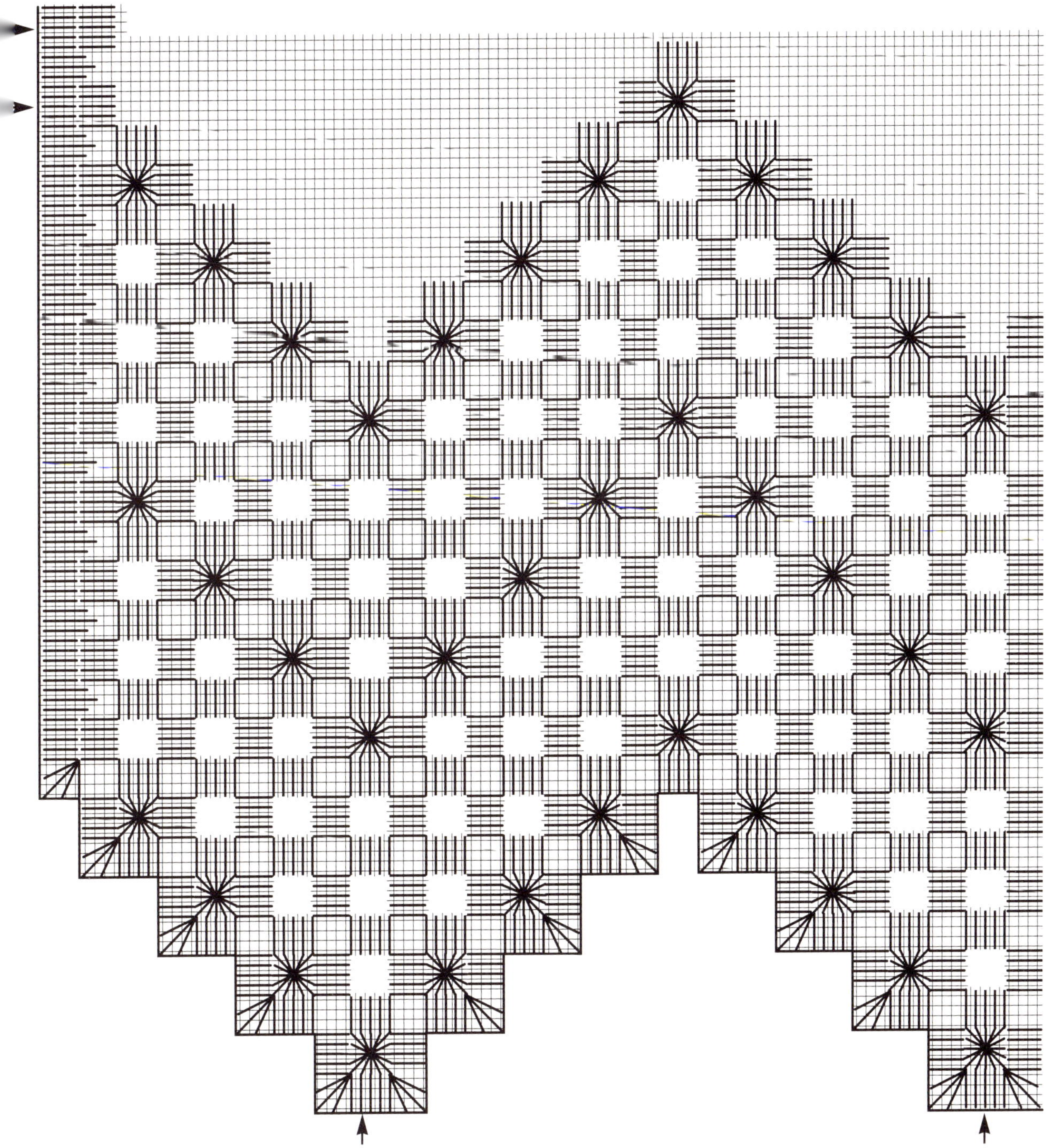

Ausführung

Exakt fadengerader Zuschnitt 88 x 35 cm. Mit der Plattsticheinfassung 4 cm ab Schmalseite beginnen, lt. Modellmaß an der Schmalseite über der Bordüre nach je 4 GF noch 13 Gruppen à 5 Plattstiche anfügen. Den MS der Bordüre 8mal ausführen, gegengleich enden. Im Durchbruch Wickelstege. Nach dem Langettieren die Madeirasternchen einsetzen. Ränder beidseitig und am Stufenrand beschneiden. Für die Hohlnaht 9 cm ab oberem Rand 4 GF bis an den Plattstich ausziehen, GF im Plattstich vernähen. Oberen Rand 1 cm und 4 cm fadengerade umbügeln, mit Hohlnahtstich befestigen, je 4 GF bündeln (im Einschlag 4 GF tief einstechen), an der Gegenseite um 2 GF versetzt, so daß eine Zickzackhohlnaht entsteht (siehe Lehrgang, Randbefestigungen).

Regalborte

Größe

Mit 8 Zacken ca. 54 x 6,5 cm; um je 65 mm bzw. 1 Mustersatz in der Länge veränderbar

Material

Gestickt auf 0,15 m Siebleinen, 140 cm breit (für 21 Zacken ausreichend), 10 Gewebefäden/GF = 1 cm (Zweigart-Art. 3604 „Dublin“). Zur Stickerei 2 Knäuel DMC Perlgarn Nr. 8

Entwurf und Ausführung: R. Cors

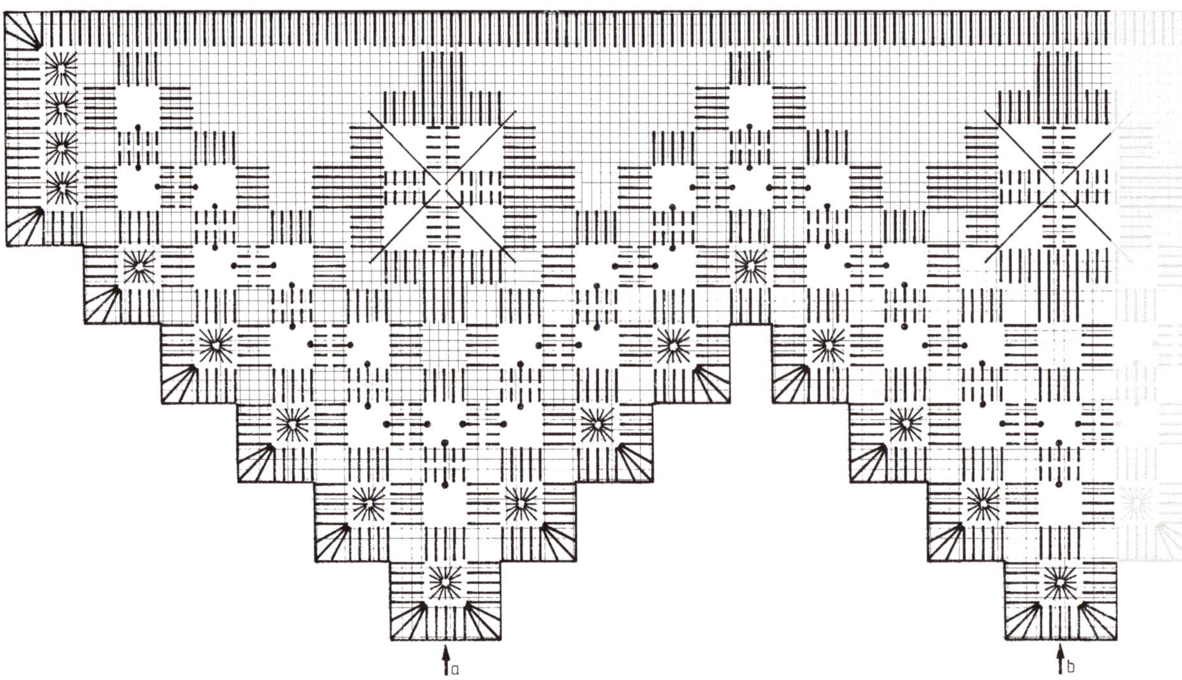

Kissen in Schleifenform

Ausführung

Stoffzuschnitt lt. Modellmaß 60 x 15 cm. Mit der Plattsticheinfassung 3,5 cm ab Schmal- und 5 cm ab Längsseite beginnen, MS von Pfeil a bis b lt. Modellmaß 7mal sticken. Im Durchbruch Stopfstege, in der Zackenborte mit Ösen. Stegkreuze mit Wickelstegen verzieren. Nach dem Langettieren (übereck je 5 Stiche in 1 Einstichpunkt) Madeirasternchen einsetzen.

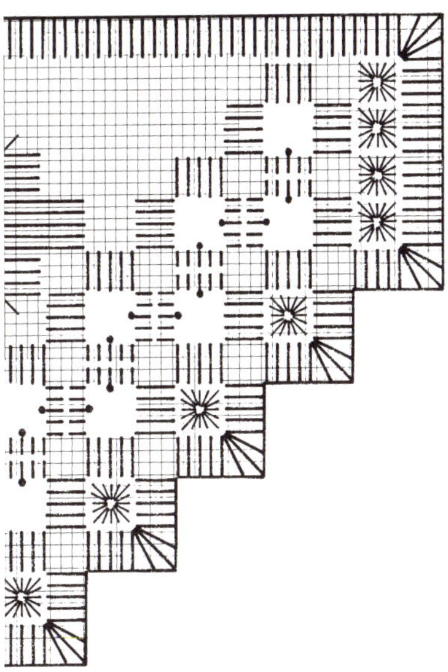

Entwurf und Ausführung: A. Sainte Cluque

Größe

46 x 35 cm; Bordürenbreite knapp 15,5 cm, MS-Länge 53 mm

Material

80 x 75 bzw. 33 x 70 Effektgewebe, 75 Gewebefäden/GF = 10 cm, Zweigart-Art. 3711 „Ariosa"; Perlgarn Nr. 5 und 8

Ausführung

Blende 35 x 70 cm groß zuschneiden und zwischen den Pfeilen 10 MS sticken, 5 cm über der Mitte der Schmalseite beginnen, gegengleich enden, in die Mitte jedes 2. Motivs 1 Madeirastern aus Perlgarn Nr. 8 setzen. Gebügelte Stickerei längs mit 1 cm breiter fadengerader Naht verstürzen, Nahtränder auseinanderbügeln. Dann Schmalseiten der Blenden 12 mm ab Stickerei schließen.
2. Naht zum Wenden 10 cm offenlassen. Teil wenden, so heften, daß der Stoff an den Längsseiten gleichbreit übersteht. Wendeschlitz schließen, Blende bügeln und knappkantig absteppen. Kissenbezug aus 50 x 75 cm Ariosa an den Schmalseiten mit 2,5 cm breiter Naht verbinden, Nahtränder auseinanderbügeln, 35 cm langen Reißverschluß verdeckt einsetzen. Schmalseiten 2 cm breit so schließen, daß der Reißverschluß 10 cm über dem Bruch liegt. Nahtränder versäubern, Bezug wenden, Kissen füllen. Stickereiblende lt. Modellbild umlegen, Schmalseiten verbinden.

Zählmuster Kissen in Schleifenform

Zartgrünes Tischband

Größe

22 x 116,5 cm; um MS-Länge/ 17 cm zu verändern

Material

Gestickt auf 0,35 m Effektgewebe, 140 cm breit, 75 Gewebefäden/ GF = 10 cm (Zweigart-Art. 3711 „Ariosa"), mit MEZ Perlgarn,
8 Str. Nr. 3 für Plattstich,
5 Str. Nr. 5 für Stopfstege und doppelten Rückstich,
3 Knäuel Nr. 8 , dunkler als der Stoff, fürs übrige

Ausführung

Zuschnitt 35 x 125 cm (der Rest reicht für 2 Deckchen). Mit der Plattsticheinfassung 7,5 cm ab Längsseite beginnen, ab Mitte einteilen. Im Durchbruch Stopfstege in Stoffarbe, mit Schlingstichen verziert. In der Mitte der mit 2reihigem doppeltem Rückstich umgrenzten Rauten abwechselnd Malteserkreuze und Kleeblatt. Madeirasternchen siehe ZM. Für den Durchbruchrand Hinweise im Lehrgang beachten.

Entwurf und Ausführung: Elvira Weber

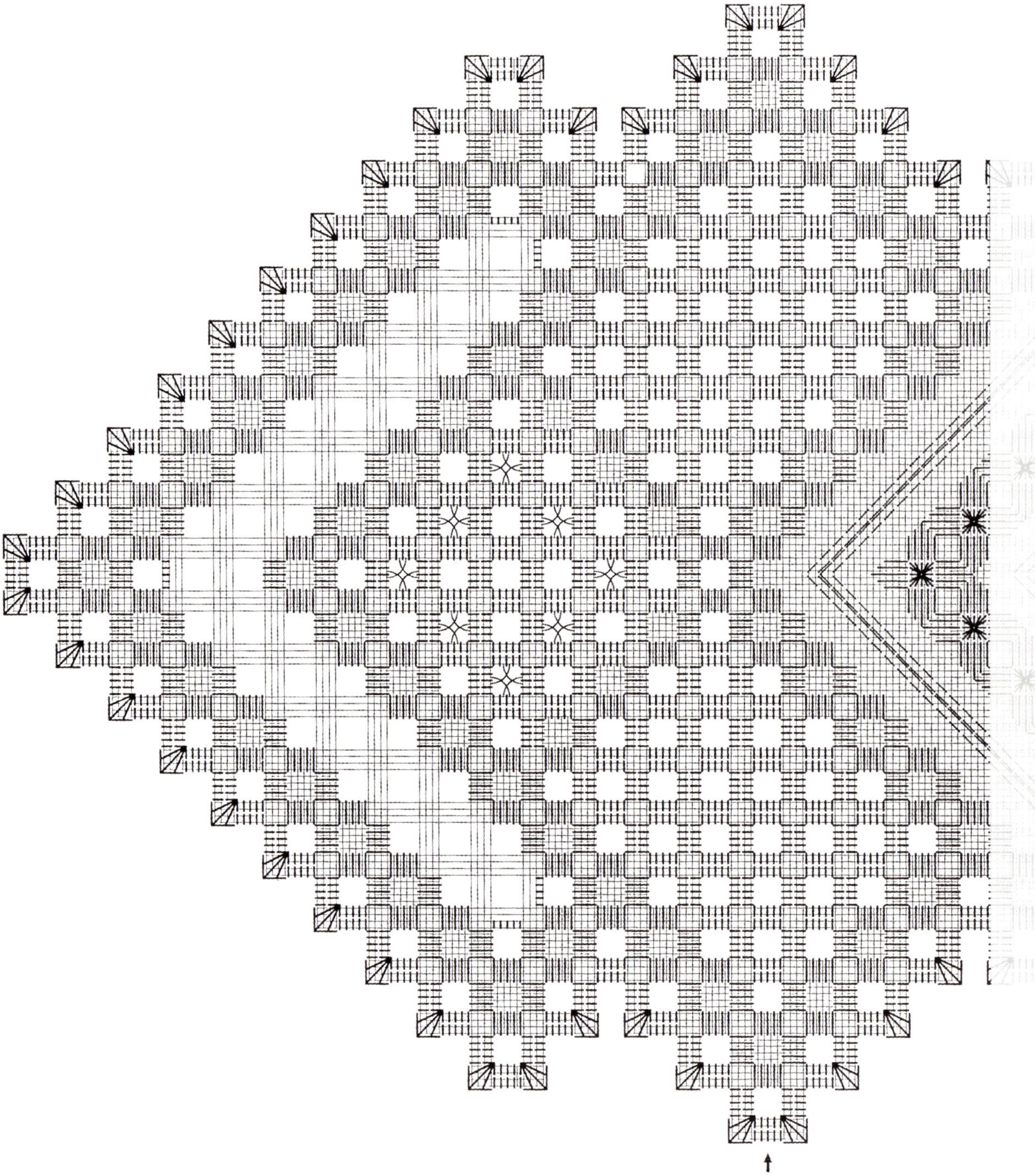

Zählmuster Zartgrünes Tischband

Tischdecke mit Schleifen und Kränzchen

Größe
78 x 78 cm, Rahmen des Mittelfeldes 42 x 42 cm

Material
0,90 m Siebleinen, 140 cm breit, 10 Gewebefäden/GF = 1 cm (Zweigart-Art 3604 „Dublin"), 6 Str. weißes Coats Mez oder DMC Perlgarn Nr. 5, weißes Nähgarn, für die Kreuzstich-Kränzchen je 1 Str. Sticktwist lt. Tabelle, an 1. Stelle Coats Mez-, an 2. Stelle DMC-Farben:
1 ~ = Maisgelb, hell 302/742
2 ○ = Himmelblau, hellst. 128/800
3 ● = Himmelblau, mittel 130/799
4 • = Resedagrün 261/3364

Ausführung
Fadengerader Stoffzuschnitt 90 x 90 cm. 14,5 cm ab Rand über der Mitte einer Seite lt. Pfeil a in ZM A mit dem Mittelfeld beginnen, insgesamt 4 MS von Pfeil a bis b ausführen – das Liniennetz im ZM entspricht den GF des Stoffes. Zuerst alle Plattstichgruppen und den Rahmen sticken.

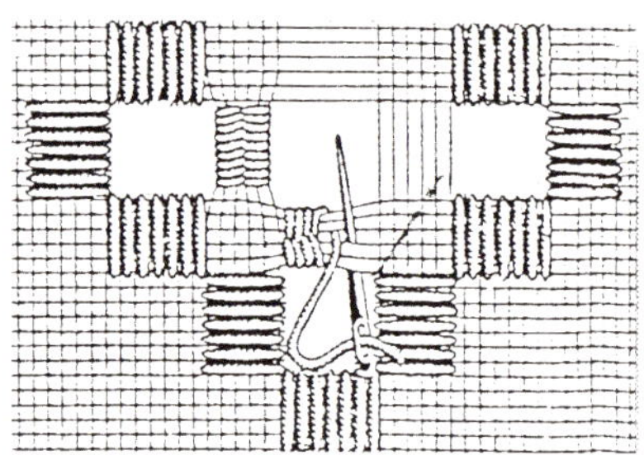

Für den Durchbruch innerhalb der Plattstichgruppen wechselnd 4 GF ausziehen, 4 GF stehenlassen (GF knapp neben dem Plattstich abschneiden). Klargelegte GF zu Stegen umwickeln (siehe Abb. oben).

Zählmuster B, Tischdecke mit Schleifen und Kränzchen

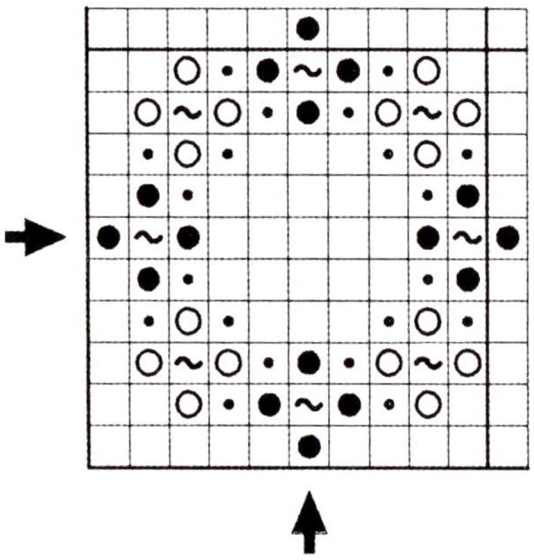

Im Mittelfeld 13 Kränzchen lt. gestrichelten Kreuzen in ZM A und Pfeilen in ZM B verteilen. Lt. ZM B mit 2fädigem Twist Kreuzstich über 2 x 2 GF sticken, Grundstiche von links unten nach rechts oben, Deckstiche entgegengesetzt. Plattstichrahmen 14,5 cm ab innerem Rahmen wiederholen, siehe Modellbild. Stickerei von links bügeln. Für den Saum überstehendes Leinen ringsum auf 65 cm ab äußerem Rahmen beschneiden und mit Zickzackstich versäubern. Ecken für einen 3 cm breiten Einfachsaum abschrägen, Saum einlegen, unterm äußeren Rahmen hohl annähen.

**Zählmuster A,
Tischdecke mit
Schleifen und Kränzchen**

b

KOSTBARKEITEN

Exquisite Geschenke

Taufkleid

Erklärung des Schnittschemas: Zahlen = cm; Strichellinie = vordere Mitte bzw. Umbruch in den rückw. Passenteilen.

Größe

Rocklänge 65 cm, -weite ca. 128 cm; Passenbreite 22,5 cm, Babygröße 68

Material

Gestickt auf 0,95 m Siebleinen, 140 cm breit, 10 Gewebefäden/ GF 1 cm (Zweigart-Art. 3604), mit MEZ Anchor Perlgarn, 15 Str. Nr. 5 für Platt-, doppelten Rückstich, für Durchbruch, Langettenrand und Madeirastich 8 Knäuel Nr. 8.

Außerdem 0,60 m Futterstoff, ein Rest Baumwollbatist zum Abfüttern der Passe, 3,50 m schmales Samtband, 2 Wachs- und 2 blütenförmige Glasperlen, für den Bund 0,65 m Ripsband, 4 cm breit

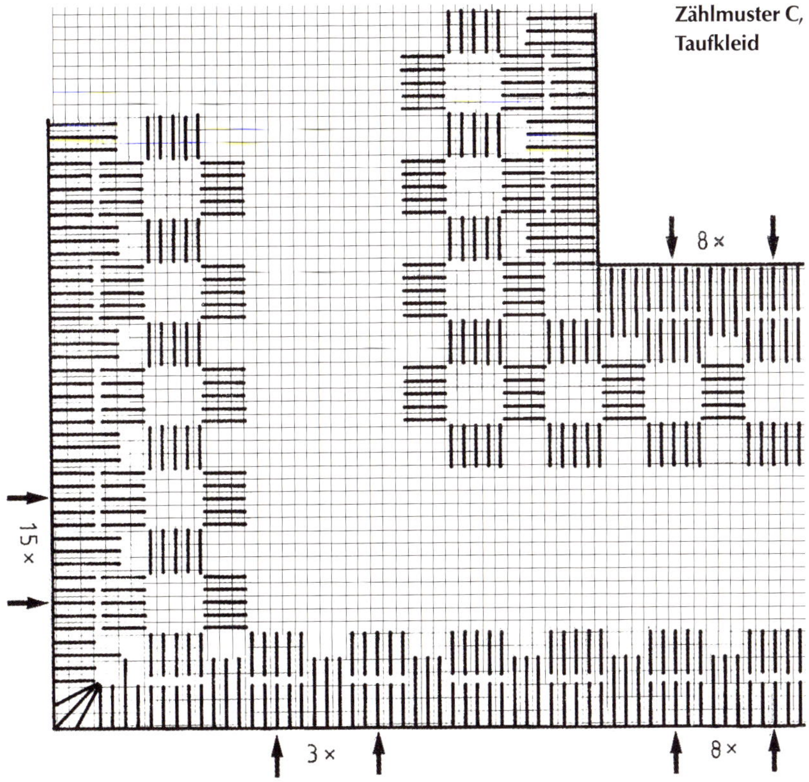

Zählmuster C, Taufkleid

Ausführung

Zuschnitt für den Rock 140 x 70 cm. Stickerei ab Mitte einteilen, am unteren Rand 4 cm Zugabe und 4 cm für den Durchbruch berechnen, dann mit dem Plattstich beginnen; beiderseits der Mitte lt. ZM A 10 MS von a bis b sticken, über die Mitte das Kreuz setzen und beidseitig über der 2. Zacke die Plattstichgruppen bis zum oberen Rand fortsetzen.

Beiderseits der Stickerei den Stoff 8 GF unter der obersten Plattstichgruppe bis zum Durchbruchrand, siehe a, b im Schema, auf 4 GF beschneiden, 4 GF umlegen und langettieren. Dann erst die GF für den Durchbruch nach und nach klarlegen, zu Stegen umstopfen.

Beidseitig vor der letzten Plattstichgruppe (über Pfeil a im Schema) 1 GF (= 13. GF ab Langettenrand) bis an den oberen Rand ausziehen. Stoff auf 33 GF ab Fadenrinne beschneiden, 11 und 12 GF umlegen, mit Hohlnahtstich befestigen. Gebügelten Rock am oberen Rand auf 58 cm gleichmäßig einreihen, von rechts Schrägstreifen aus Batist aufsteppen, umgelegt über der

Entwurf und Ausführung: H. Iserlohe

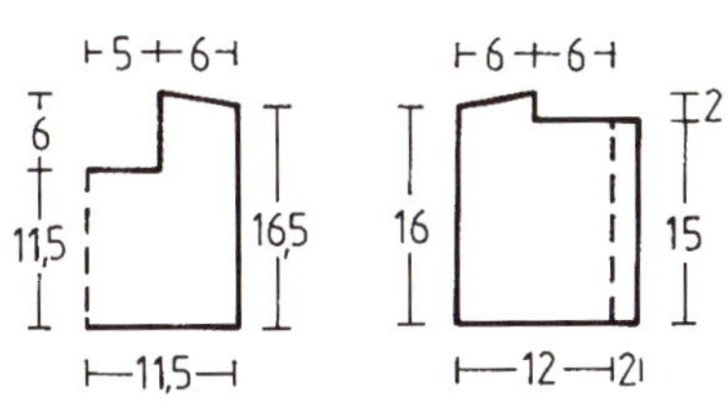

Ansatznaht aufsäumen. Ripsband beidseitig umlegen, feststeppen, so über dem Rock aufsteppen (knappkantig und 5 mm breit), daß es den Schrägstreifen knapp überdeckt.

Passenteile lt. Schnittschema mit kontrastfarbenen Vorstichen umgrenzen, in den Rückenteilen auch

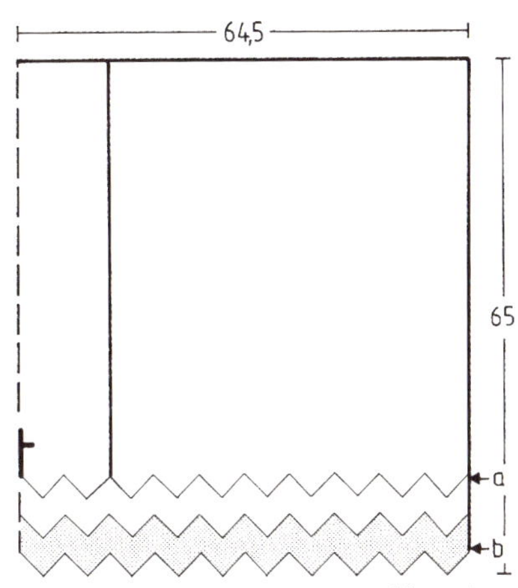

Schnittschema Taufkleid

lt. Strichellinie im Schema. Im Vorderteil zunächst den Ausschnitt mit Stickerei lt. ZM B einfassen, sticken, beidseitig bis an die Schulterlinie. Die Einfassung des Randes beidseitig nach 28 GF beginnen, nach dem 18. MS ab Schulterrand die Ecke anfügen, über dem Vorderrand bis Mitte fortsetzen. Rückenteile lt. ZM C einfassen, am unteren Rand bis Bruchlinie, nur Plattstichgruppen sticken. Nach dem Langettieren (nach 5 Stichen über 4 GF 3 Stiche über 6 GF einfügen) in den gebügelten Teilen die Schulternähte schließen. Nahtränder auf 1 cm beschneiden, versäubern. Entweder auch den Stoff oberhalb der Langettenränder sauber abschneiden oder auf 1 cm beschneiden und nach links umheften – übereck schräg eingelegt; Verschlußränder umlegen.
Nach dem Schema Futterpasse aus Batist zuschneiden, Schulternähte schließen. Passe über der Rückseite der Stickereipasse aufsäumen, am unteren Rand des Vorderteils oberhalb der Zacken.
Passe über dem Ripsband des Rockes aufstecken, Vorderteil ab Mitte, Rückenteile ab Rand, und zwar so, daß die Zacken des Vor-

Zählmuster A, Taufkleid

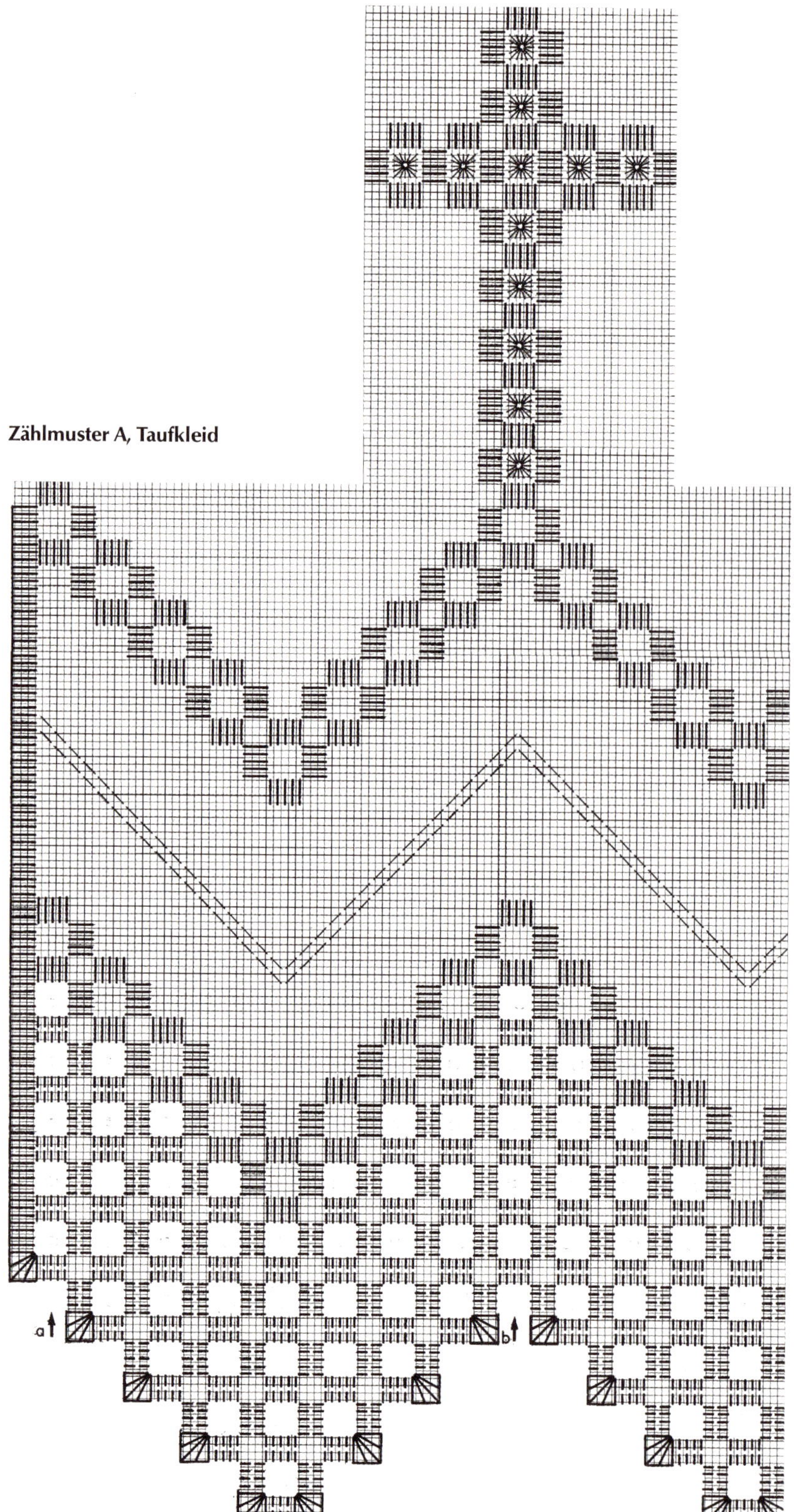

derteiles und die Langetten der Rückenteile übers Ripsband reichen. Mit kurzen Rückstichen innerhalb der Langetten festnähen. Aus Samtband 2 Schleifen binden und aufnähen, über dem Knoten jeweils 1 Glasblüte mit Wachsperle aufnähen.

Zählmuster B, Taufkleid

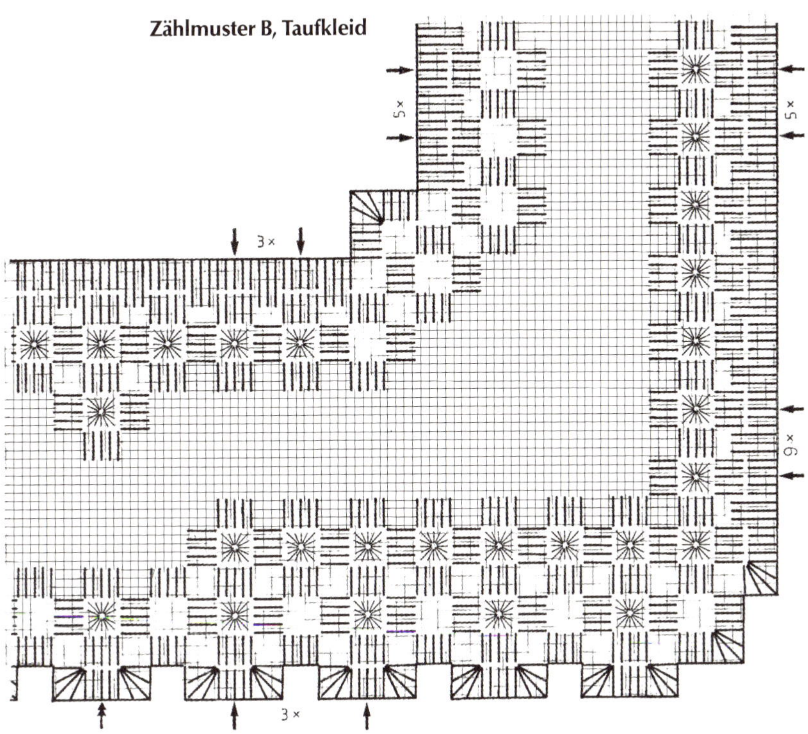

Fensterbild mit Herz

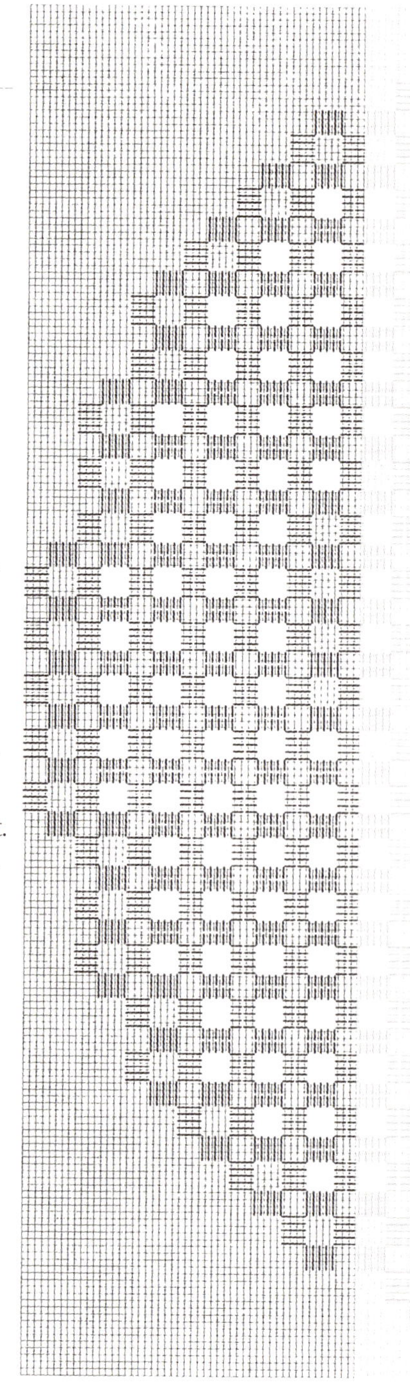

Größe
30 cm Ø

Material
40 x 40 cm Effektgewebe, 140 cm breit, 107 Gewebefäden/ GF = 10 cm (Zweigart-Art. 3972 „Meran", 60% Viskose, 40% Baumwolle),
Coats Mez Perlgarn in Stoffarbe:
5 Str. Nr. 5 für Plattstich und
1 Kn. Nr. 8 für Stopfstege,
1 Metallring
(Knorr-Art. 6770 30 4)

Ausführung
Kreis mit Herz in Stoffmitte anordnen. Pfeile im ZM zeigen jeweils auf die Mitte jeder Seite. Einfassung lt. Modellbild zum Kreis ergänzen. Fertige Stickerei von links bügeln. Metallring so auf die Stoffrückseite legen, daß der Abstand zur Stickerei ringsum gleichbreit ist. Umriß anzeichnen, mit 1,5 cm Zugabe mit Zickzackstich übersteppen. Überstehenden Stoff abschneiden. Zugabe um den Ring legen und heften. Ring von rechts mit Perlgarn Nr. 5 wechselnd mit 1 senkrechten, 1 schrägen Stich übersticken, exakt neben dem Ring einstechen. Als Aufhänger eine Kordel, aus 2 Fäden Perlgarn eingedreht, anknoten.

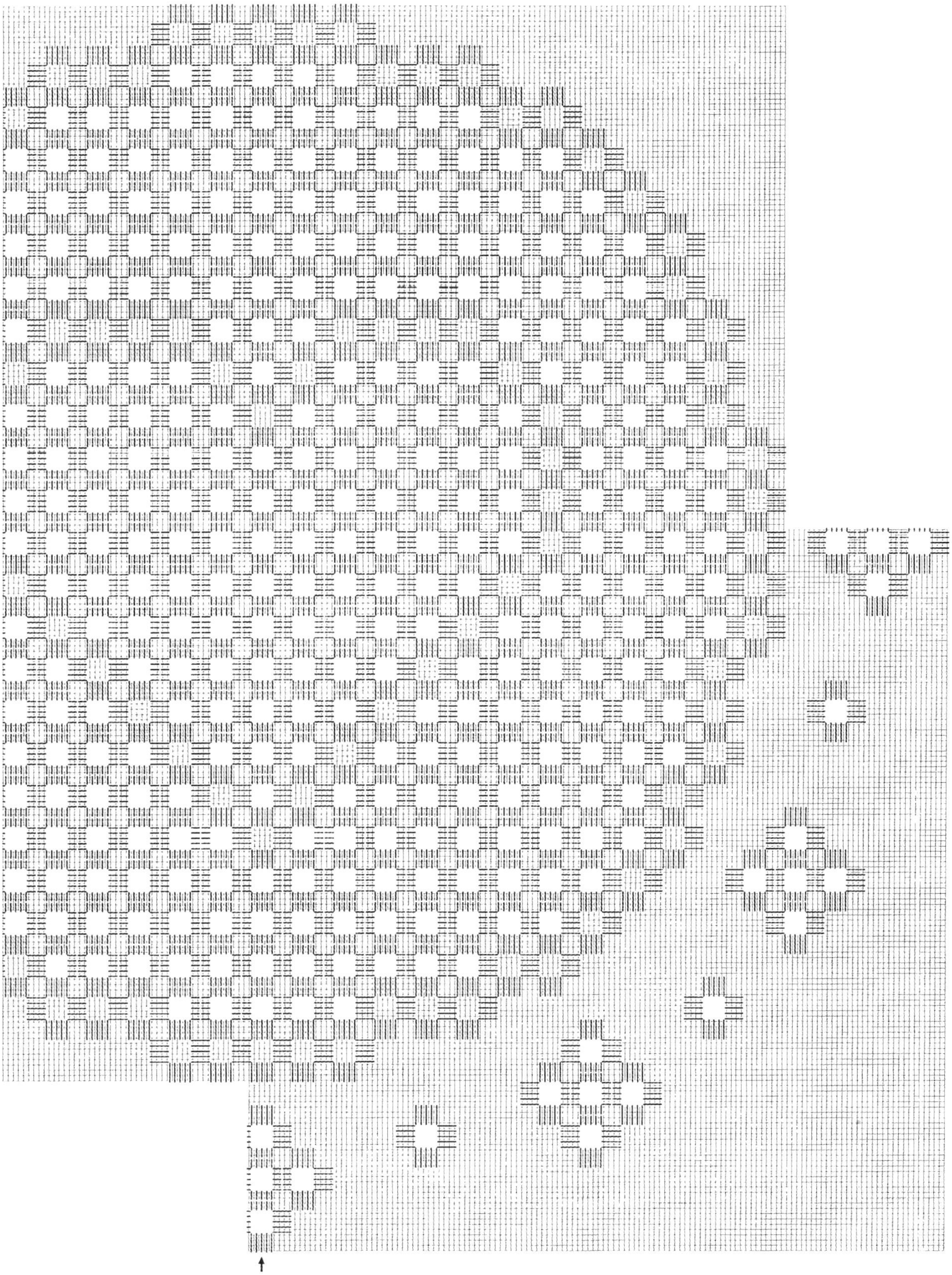

Drei Lesezeichen

Größe

Ca. 4,5 x 14 cm

Material

Gestickt auf Resten von Hardangerstoff, minimal 10 x 20 cm, 87 Fadenpaare/FP = 10 cm, 170 cm breit (Zweigart-Art. 3947); jeweils einige Fäden MEZ Perlgarn,
Nr. 3 für Plattstich und Quasten,
Nr. 5 für Langetten-, gleichseitigen Stern- und Rückstich,
Nr. 8 für Madeirasternchen

Ausführung

Platt-, dann Rück-, gleichseitigen Sternstich und Madeirasternchen sticken. Nach dem Langettieren und Bügeln Stoff sauber beschneiden. Rückseite mit Vlieseline H 250 überbügeln. Für die Quaste 6 Fäden Perlgarn Nr. 5 à 25 cm einziehen, auf gleiche Länge richten, knapp unter dem Langettenrand abbinden. Faden vernähen, gleichmäßig beschneiden.

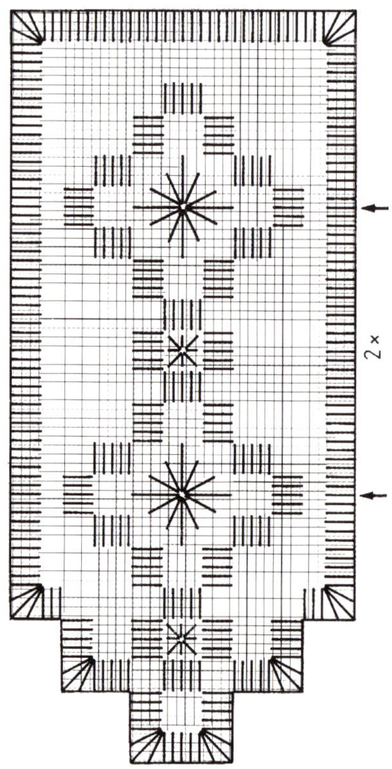

(im Foto rechts)

Entwurf und Ausführung:
M. Brandt

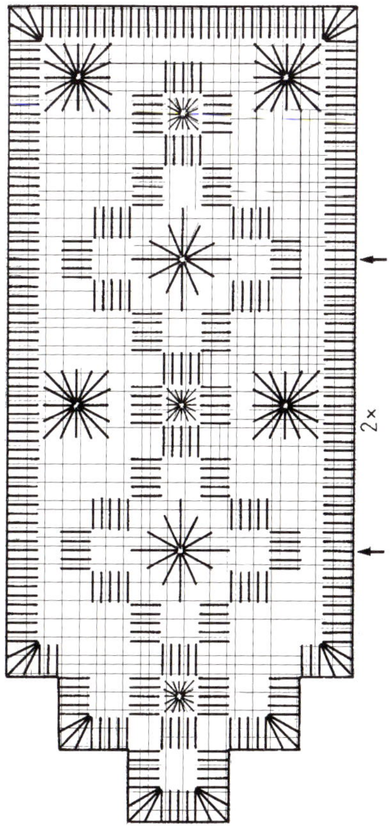

(im Foto Mitte)

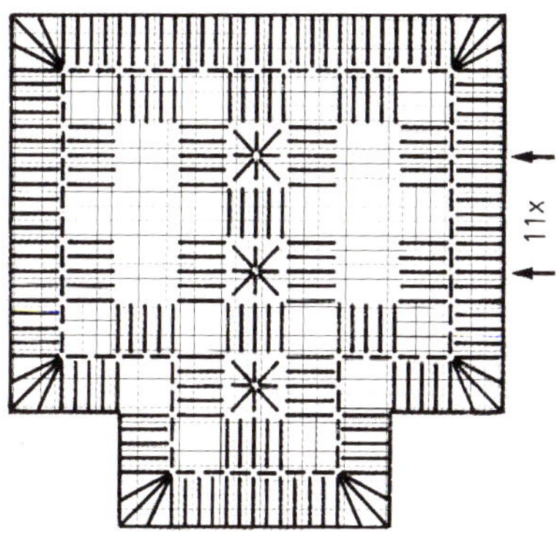

(im Foto links)

Fünf Glückwunschkarten

Größe

Karten 10,5 x 15 cm (Fenster ca. 70 x 90, Oval 60 x 85 mm)

Material

Je 12 x 18 cm Zählstoff mit 10 Gewebefäden/GF pro cm (z. B. Zweigart-Art. 1235), Perlgarnreste Nr. 5 (blau auch Nr. 8) und Nr. 3; Passepartoutkarten (Hobbidee)

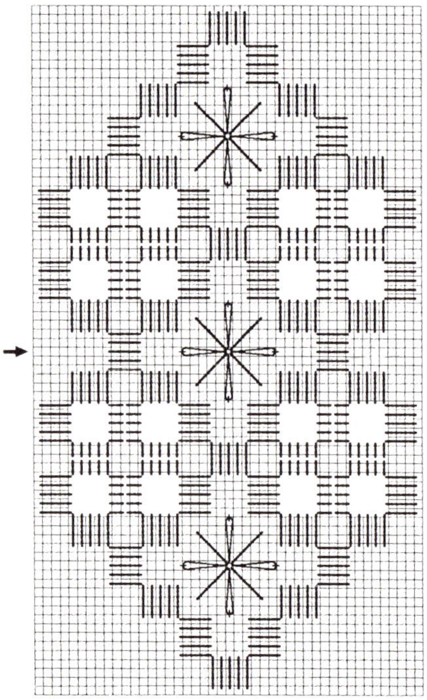

(im Foto unten rechts)

Ausführung

Auf dem Zählstoff das Kartenfenster markieren, mit farbigem Vorstich umgrenzen. Motiv exakt in die Mitte sticken, im weißen Viereck doppelter Rückstich über 2 Fadenkreuze/FK, im blau-weißen blaue Stopfstege, in der rosa Stickerei in den „Zwickeln" schräge Kreuzchen (ab Mitte je 2 FK) übersticken, das Gitter wie Kästchenstich sticken. Im Oval um die Plattstichblüte doppelten Rückstich über 2 FK, übereck je 1 Madeirastern aus Perlgarn Nr. 8, im Motiv der Karte unten rechts weiße Stopfstege, in der Mitte blaue Margaritenstichblüten, siehe ZM, dazwischen Spannstiche über je 4 FK setzen. Gebügelte Stickerei 15 mm größer als das Fenster beschneiden, mit wenig UHU unter-, die Rückseite mit „Gegenblatt" überkleben.

Entwurf und Ausführung: A. Sainte Cluque

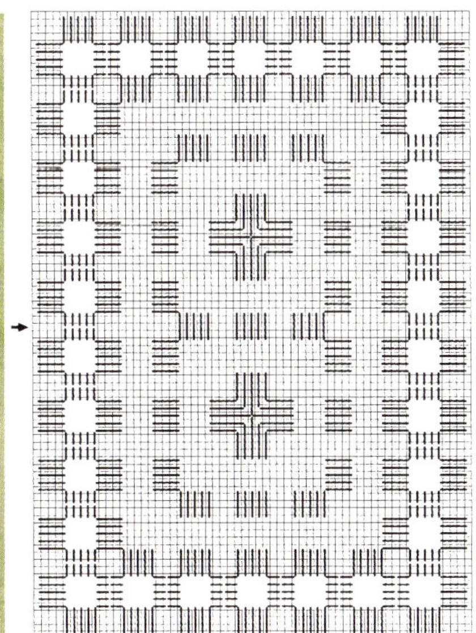

(im Foto links oben)

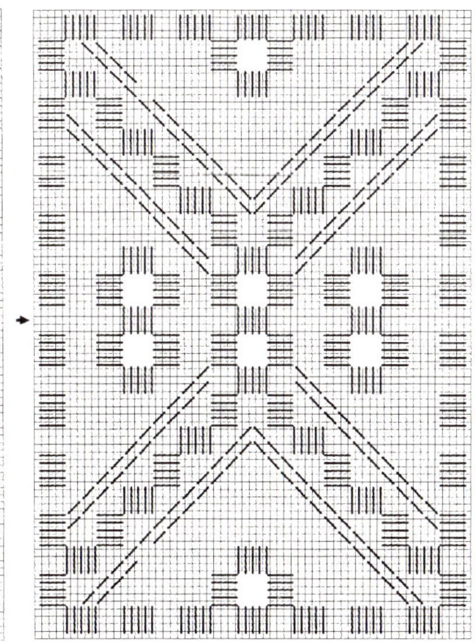

(im Foto oben Mitte)

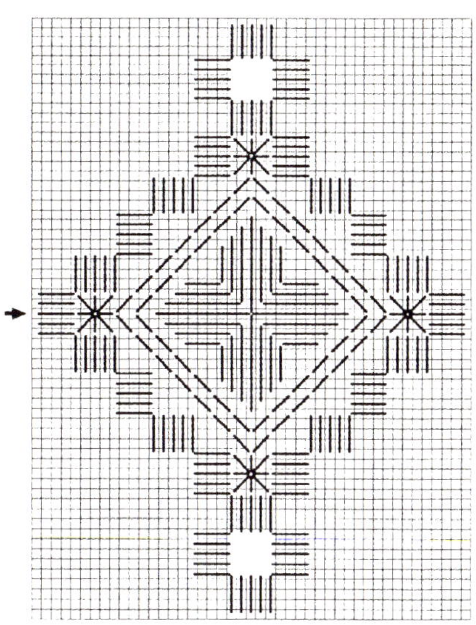

(im Foto unten links)

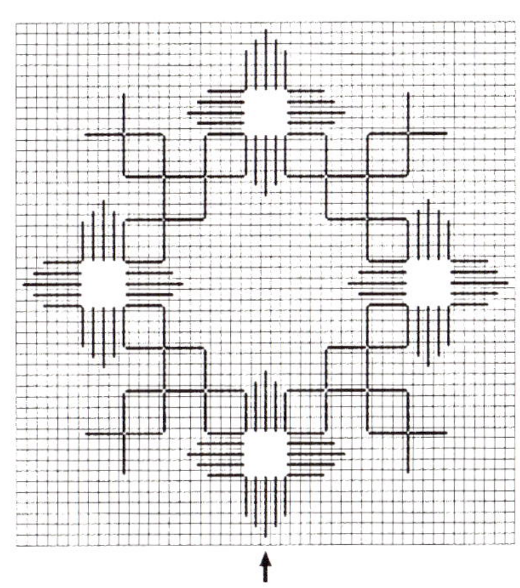

(im Foto oben rechts)

Festliche Stickereien

ES WEIHNACHTET

Rotes Sterndeckchen

Größe
40 cm Ø

Material
Gestickt auf 50 x 50 cm Effektgewebe, 75 Gewebefäden/GF = 10 cm, 140 cm breit (Zweigart-Art. 3711), mit 1 Str. MEZ Perlgarn Nr. 3 für den Plattstich und 2 Str. Nr. 5 für Durchbruch und Langettenrand; für Kreuz- und gleichseitigen Sternstich 1 Röllchen MEZ Gold-Zierlitze

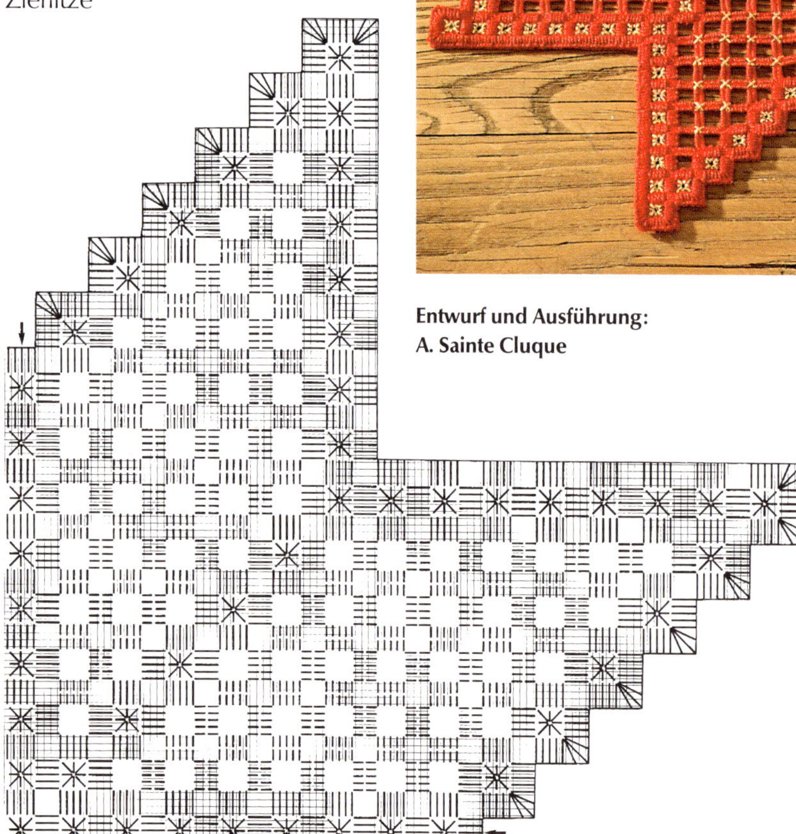

Entwurf und Ausführung:
A. Sainte Cluque

Ausführung
Zählmuster zeigt zwischen den Pfeilen 1 Viertel. Ca. 5,5 cm ab Rand die Plattsticheinfassung anordnen. Im Durchbruch Stopfstege, Kreuzungen mit Goldkreuzchen verzieren, nach dem Langettieren die Sternstiche einsetzen.

Drei rote Herzen

Größe
10,5 x 9,5 cm, 13,5 x 12,5 cm, 15,5 x 14,5 cm und 15,5 x 15 cm

Material
Je 20 x 20 cm bzw. 25 x 25 cm Zählstoff, 180 cm breit, 8 GF/1 cm (Zweigart-Art. 3256 „Bellana", 52% Baumwolle, 48% Viskose); Coats Mez Perlgarn Nr. 5 in Stoffarbe, fürs kleine Herz 1 Str., für die großen je 2 Str. (für alle 3 Herzen 5 Str.) und einige Fäden Coats Mez Goldgarn „Astrella"

Entwurf und Ausführung: M. Kruse

Allgemeines

Stickerei jeweils ab Mitte einteilen. Das Liniennetz im ZM entspricht den Gewebefäden/GF des Stoffes. Pfeile begrenzen 1 MS bzw. zeigen auf die Mitte. In der Regel zuerst mit dem dickeren Garn alle Plattsticheinfassungen (je 5 Stiche über 4 GF) und -motive sticken.

Für den Durchbruch innerhalb der Plattstichgruppen wechselnd 4 GF ausziehen, 4 GF stehen lassen, GF knapp neben dem Plattstich abschneiden, Abb a. Mit dem dünneren Garn Stege über 2 x 2 GF einstopfen, Abb. b, c. Dann mit dem Goldgarn alle gleichseitigen Sternstiche Abb. g, zuletzt mit dünnerem Garn ringsum den Langettenrand sticken, über Ecken 5 Stiche in 1 Einstichpunkt. Überstehenden Stoff sauber abschneiden, Abb. d, e. Fertige Stickerei von links auf weicher Unterlage sorgfältig bügeln.

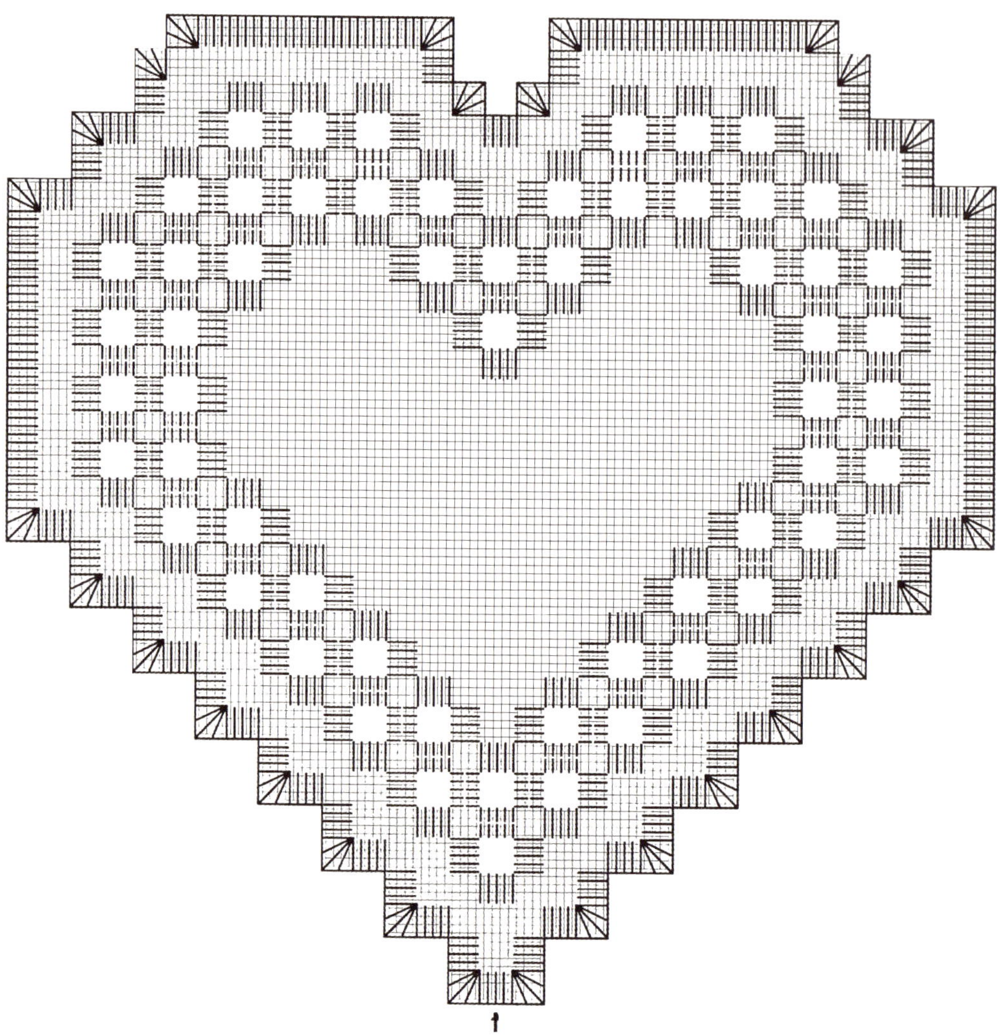

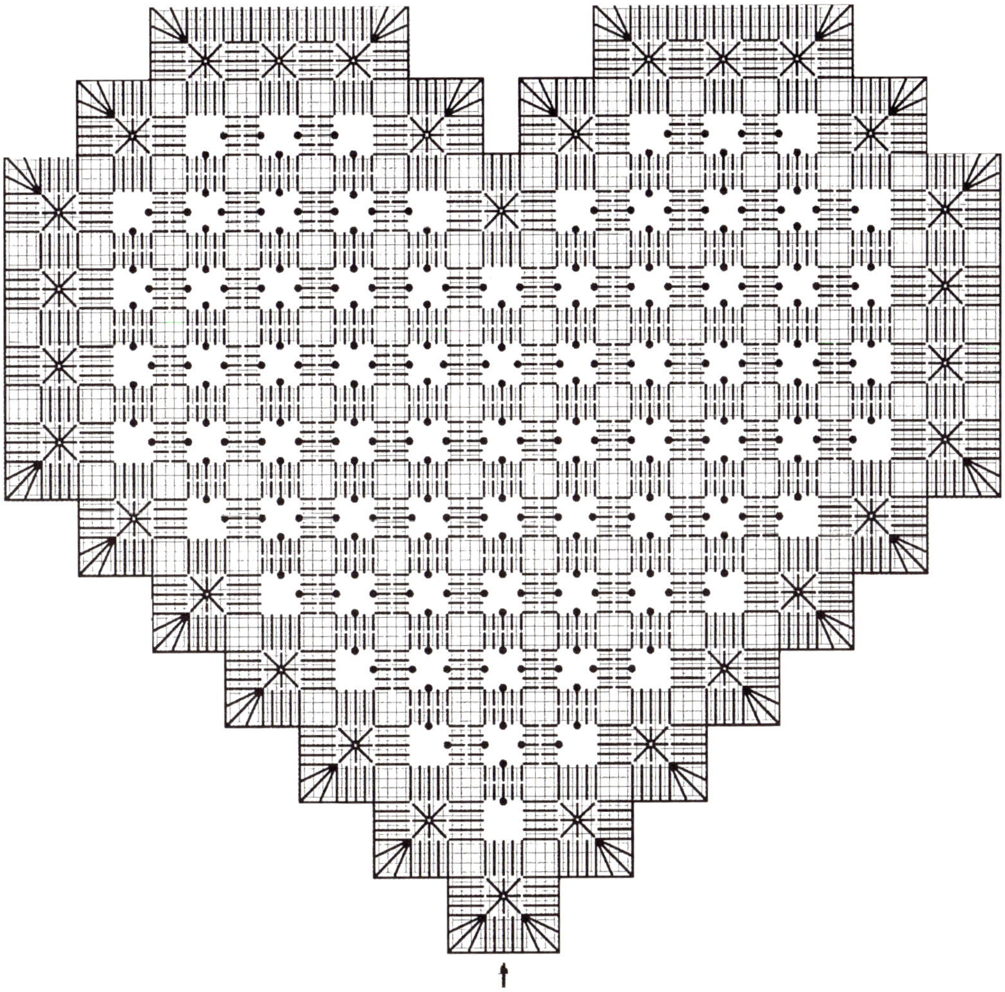

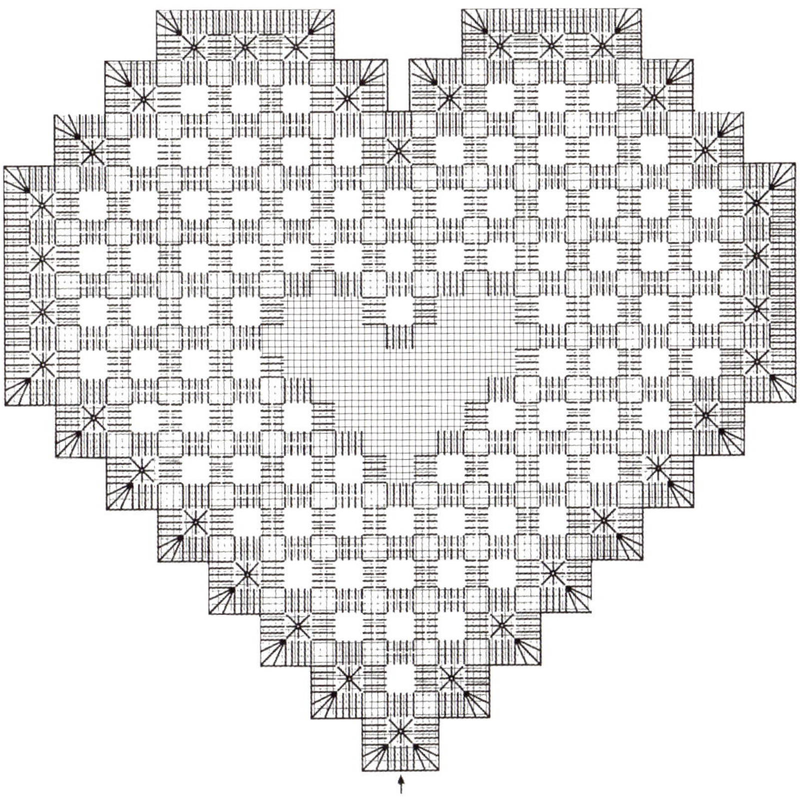

Ausführung

Herzen jeweils in Stoffmitte lt. ZM mit Plattstichgruppen umgrenzen. Im Durchbruch Stopfstege, im 2. kleinsten Herzen mit Pikots, Abb. f.

Im 2. kleinsten Herzen den Rand innerhalb des Langettenstiches mit gleichseitigen Sternstichen (Abb. g) aus Goldgarn verzieren. Perlgarnfaden als Aufhänger anknoten.

Grün-weiße Mitteldecke

Größe

84 x 84 cm, Stern 37,5 x 37,5 cm, um je ein MS der Bordüre/15,8 cm zu vergrößern

Material

0,95 m Zählstoff, 140 cm breit, 71 GF/10 cm (Zweigart-Art. 3770 „Davosa"), Perlgarn von Coats Mez oder DMC
6 Str. Nr. 3 (Platt-Kreuzstich),
4 Str. Nr. 5 (Rand),
4 Knäuel Nr. 8 (Stopfstege)

Allgemeines

Stoff mit mindestens 5 cm Zugabe zuschneiden. Stoffmitte in beiden Richtungen mit kontrastfarbenen Vorstichen markieren, wechselnd 4 Gewebefäden/GF bzw. Fadenpaare/FP auffassen, 4 GF/FP übergehen (in Stoffmitte liegen die Stiche überkreuz). Stickerei jeweils ab Mitte einteilen. Das Liniennetz im ZM entspricht den GF/FP des Stoffes. Zuerst Kreuzstich, Plattsticheinfassungen und -motive sticken, dann die Stopfstege ausführen. Für den Durchbruch innerhalb der Plattstichgruppen wechselnd 4 GF/FP ausziehen – diese knapp

Zählmuster A, Grün-weiße Mitteldecke

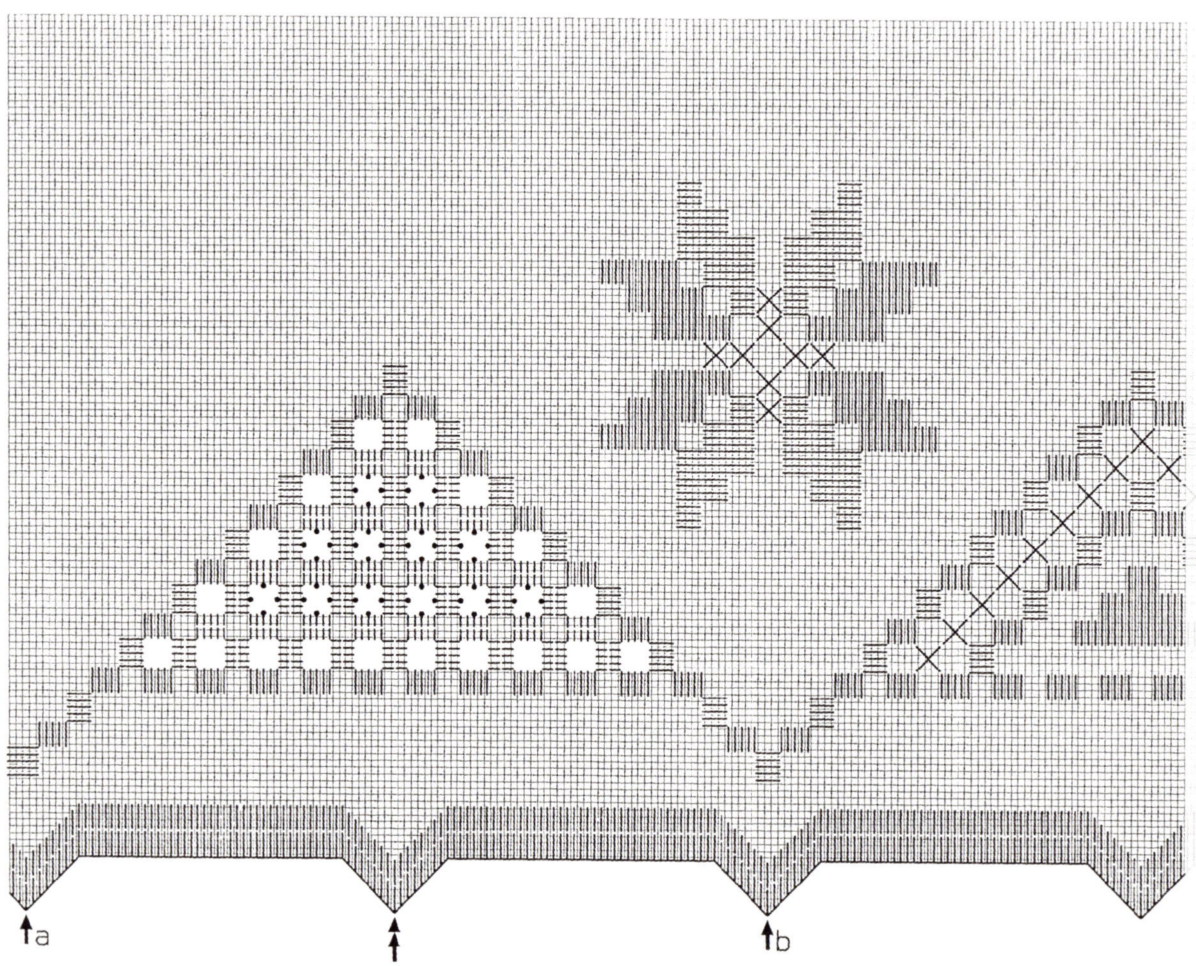

neben dem Plattstich abschneiden – und 4 GF/FP stehenlassen. Stege über 2 x 2 GF/FP einstopfen, teils mit Pikots verzieren. Stickerei von links auf weicher Unterlage bügeln, überstehenden Stoff längs des Langettenrandes abschneiden.

Entwurf und Ausführung: U. Mechel

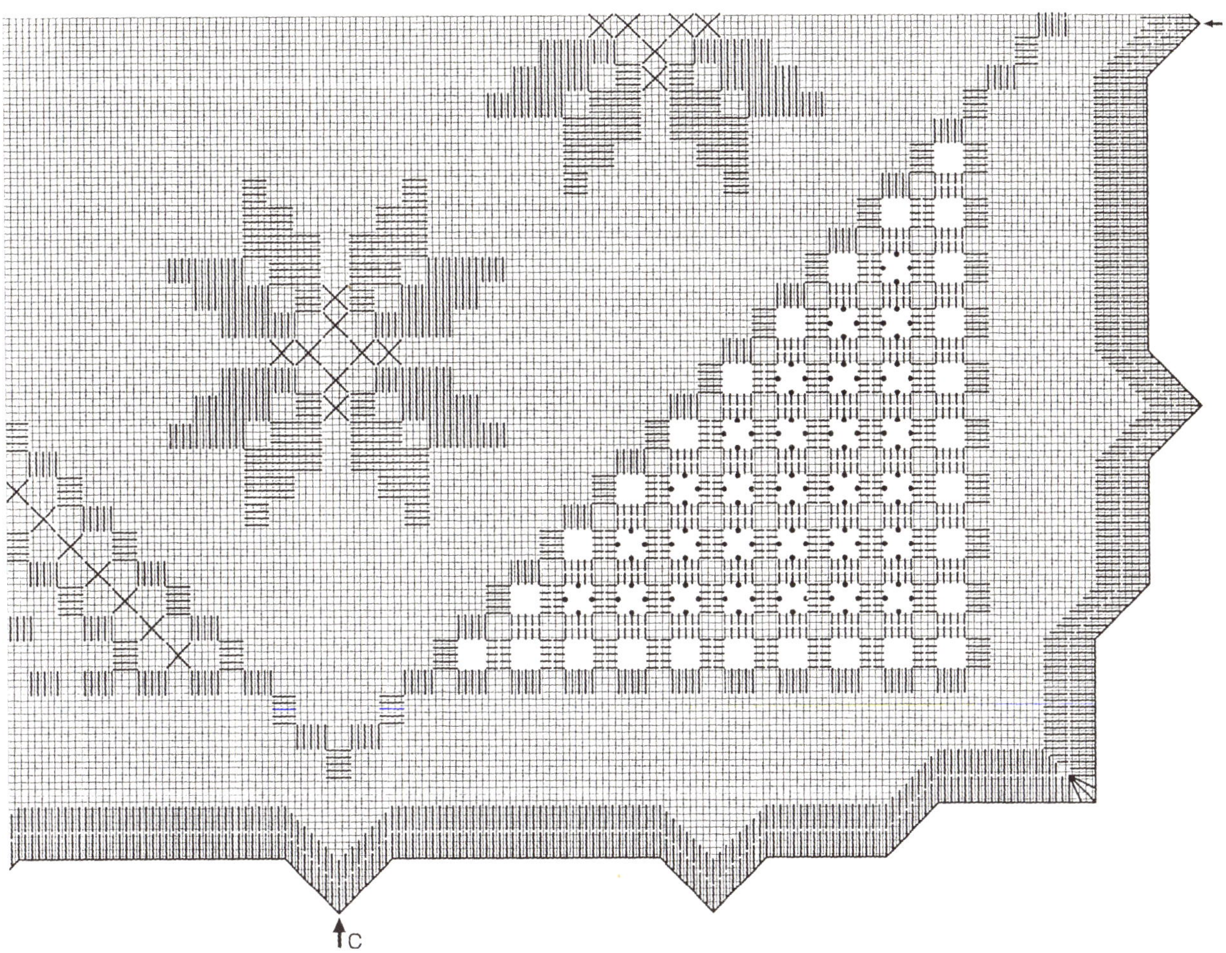

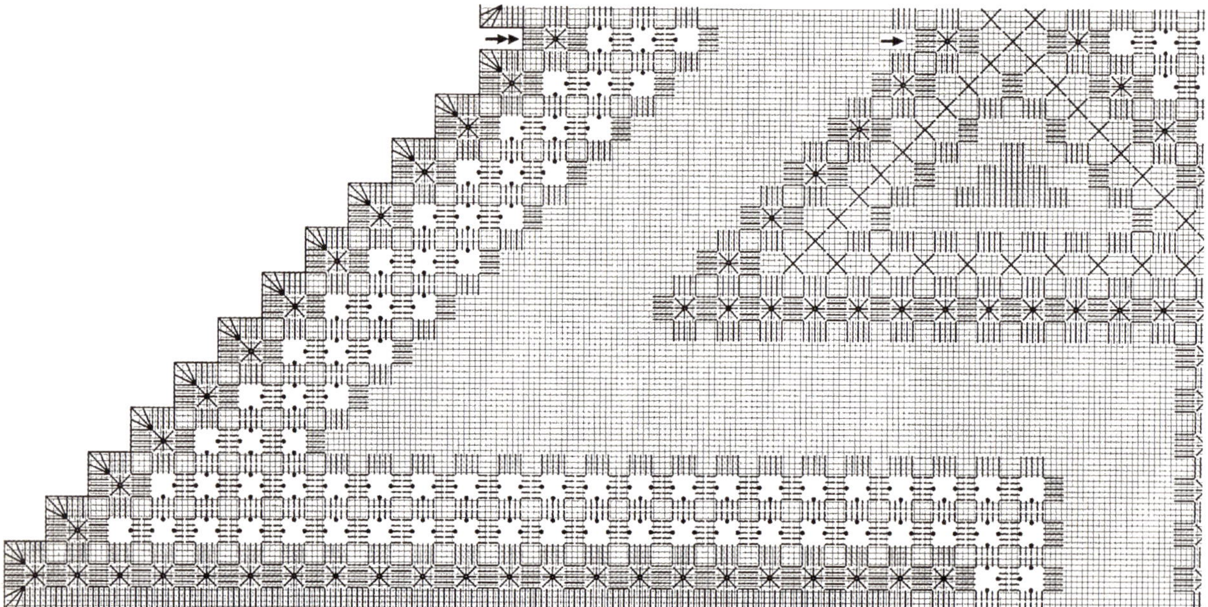
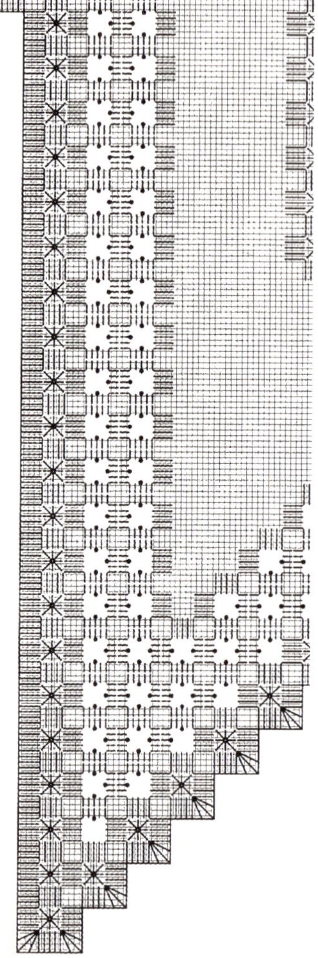

Zählmuster B,
Grün-weiße Mitteldecke und Weißes Sterndeckchen

Ausführung

Stoffzuschnitt 95 x 95 cm. Über der Mitte einer Seite, 5,5 cm ab Rand, mit Perlgarn Nr. 5 die Plattsticheinfassung lt. ZM A (Doppelpfeil = Mitte) beginnen, den MS 1mal von a bis c sticken, nach der Ecke von b bis c, dann zum Geviert ergänzen. Exakt 94 Gewebefäden/13,2 cm ab Mittelpunkt lt. ZM B (= 1 Viertel) mit der Plattsticheinfassung innerhalb der Madeirasternchen des Sterns beginnen. Im Stern, in Eck- und Mittelmotiven des Randes Stopfstege, teils mit Pikots verziert. Zwischen Plattstichgruppen und in -sternen Kreuzstiche über 4 x 4 GF, zuletzt den Langettenrand sticken, übereck 5 Stiche in 1 Einstichpunkt.

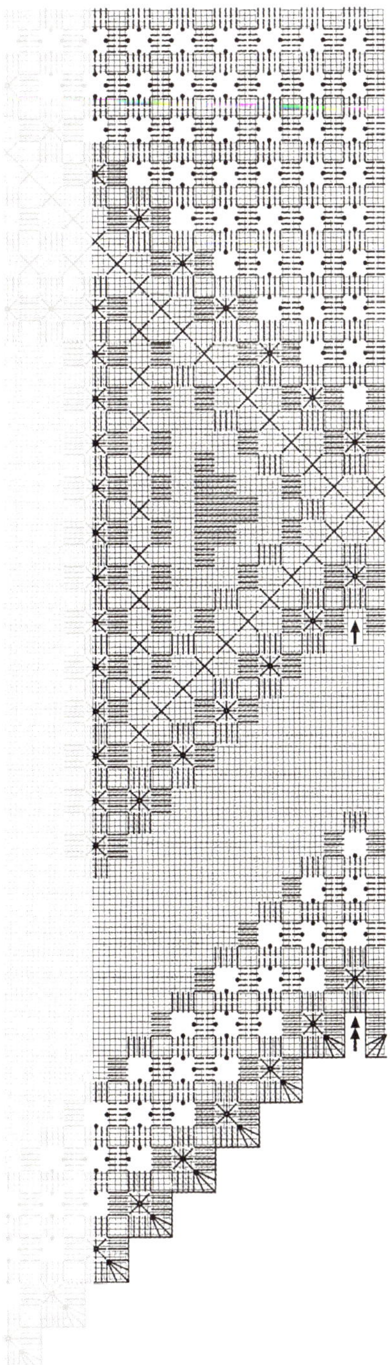

Weißes Sterndeckchen

Größe
63 x 63 cm

Material
0,75 m Hardangerstoff, 170 cm breit, 87 FP/10 cm (Zweigart-Art. 3947 „Oslo"); von Coats Mez oder DMC 4 Str. Perlgarn Nr. 5 (Platt-, Kreuz-, Langettenstich), 2 Knäuel Nr. 8 (Stopfstege), 1 Rolle Coats Mez Goldgarn „Ophir" (Madeirasterne)

Ausführung
Auf 75 x 75 cm Hardangerstoff die Plattstichcinfassung des Sterns lt. ZM 18 cm ab Rand über der Mitte einer Seite = Doppelpfeil beginnen, zum Stern vervollständigen. Sticken s. „Allgemeines, Grünweiße Mitteldecke". Am Rand Madeirasterne unbedingt vor dem Langettieren einsetzen.

Entwurf und Ausführung: U. Mechel

Die Deutsche Bibliothek –
CIP-Einheitsaufnahme
Hardanger-Stickerei:
edel oder rustikal; übersichtliche Vorlagen;
Tischwäsche, Kissen, Schleifen, Fensterbilder,
Geschenke. –
Augsburg: Augustus-Verl., 1996
(Burda Praxis)
ISBN 3-8043-0447-8

Die im Buch veröffentlichten Ratschläge wurden von Verfasser und Verlag sorgfältig erarbeitet und geprüft. Eine Garantie kann dennoch nicht übernommen werden. Ebenso ist die Haftung des Verfassers bzw. Verlages und seiner Beauftragten für Personen-, Sach- und Vermögensschäden ausgeschlossen.

Fotografie: burda Fotostudio

Lektorat: Helene Weinold-Leipold, Augsburg

Umschlaggestaltung und Layout:
Zembsch' Werkstatt, München
AUGUSTUS VERLAG Augsburg 1996

Satz: Zembsch' Werkstatt, München

Reproduktion: Litoservice, Bozen

Druck und Bindung: Appl, Wemding
Gedruckt auf 135 g umweltfreundlich elementar chlorfrei gebleichtes Papier.
ISBN 3-8043-0447-8
Printed in Germany

Herstellernachweis:
Klass, Postf. 2021, 72710 Reutlingen; Zweigart & Sawitzki, Postf. 120, 71043 Sindelfingen; Österreich: Anton Stürz, Postf. 6, A-1071 Wien; Schweiz: Zetag AG, Postf. 8, CH-9213 Hauptwil; Coats Mez GmbH, Postf. 1179, 79337 Kenzingen; Österreich: Harlander Prym, Postf. 74, A-1211 Wien; Schweiz: Coats Stroppel AG, CH-5300 Turgi; DMC, Rue de Pfastatt 13, F-68057 Mulhouse cedex; über: Stickstube Spießberger, Dobelweg 16, 76316 Völkersbach-Malsch; Österreich: Belousek & Co., Neutorgasse 9, A-1013 Wien; Schmidl & Söhne, Wipplingerstr. 24–26, A-1010 Wien; Schweiz: Ronner & Co., Davidstr. 21, CH-9001 St. Gallen; Jean Langenegger, Route des Acacias 45 A, CH-1211 Genève; I. C. Leibfried GmbH, Postf. 140, 71043 Sindelfingen; Hobbidee, Postf. 310902, 70472 Stuttgart

GOLD
PUDER